科学十大假说

曹玺敬 著

科学，那些不可思议的事

长江出版传媒┃湖北教育出版社

（鄂）新登字 02 号

图书在版编目（CIP）数据

科学十大假说/曹玺敬著.

—武汉：湖北教育出版社，2013.2（2020.11 重印）

ISBN 978-7-5351-7803-9

Ⅰ.科…

Ⅱ.曹…

Ⅲ.自然科学–假说–普及读物

Ⅳ.N49

中国版本图书馆 CIP 数据核字（2013）第 018497 号

出版发行　湖北教育出版社
邮政编码　430070　　电　话　027-83619605
地　　址　武汉市雄楚大道 268 号
网　　址　http://www.hbedup.com
经　　销　新　华　书　店
印　　刷　天津旭非印刷有限公司
开　　本　710mm×1000mm　1/16
印　　张　14.25
字　　数　191 千字
版　　次　2013 年 2 月第 1 版
印　　次　2020 年 11 月第 2 次印刷
书　　号　ISBN 978-7-5351-7803-9
定　　价　31.50 元

科学技术是第一生产力，邓小平的这句话我们已耳熟能详。那么，科学技术为什么是第一生产力呢？科学技术如何发展成为第一生产力的呢？等等。我们将从科学技术发展的过程中，寻找到这些问题的答案，这也是本书的主旨。

科学的发展，首先从假说开始。假说是针对当时社会发展所遇到的问题，从科学的角度，提炼出来的一种解决方案。这些方案后来经过实践的检验，有的从科学假说演变（通过修改、改造、完善等阶段）成为科学学说，这就是我们中学生目前学到的物理、化学、地理、生物等学科的基本理论，例如我们比较熟悉的力学三定理、氧化学说、板块结构、进化论等；有的科学假说被实践证明是不成立的或者说是错误的，比如热质说、用进废退假说等，这些假说自然就在科学的殿堂中没有了一席之地。但是，从科学发展的历史来考虑的话，这些不成立或错误的假说实际上却推动了科学历史车轮的前进，科学假说是对社会的一种积极思考，正如瑞典哲学家科廷汉所说"有个理论总比没有强"。无论假说本身正确与否，假说的存在本身就是提供了一种可供参考的解决问题方法或思路。无论后来被证明是对是错，都对推动社会文明发展具有重要意义。众所周知，就现今社会而言，之前的每个时代都有其局限性，科学假说也是如此；对于假说，to error is progress。

科学学说体系正是在科学假说反复"试错"的过程中发展起来的，试错的过程，是对已有的客观事实进行理论创造，提出科学假说，将此科学假说付诸客观事实检验，能够解释或能够部分解释客观事实就说明该科学假说成立，直到有足够的经验事实证明该假说不能解释或证明为止；反之，则说明该假说不成立，需要重新构建假说。如此往复，直

到找到能够合理解释、证实经验、预测未来的科学假说为止。

科学假说的发展过程，是科学革命的过程，尽管此处革命的意义没有哥白尼革命那么重大，但对各个学科，乃至各个假说本身，其影响和意义是重大的。库恩在《科学革命的结构》指出科学发展模式：前范式科学—常规科学—革命科学—新常规科学，表征每一阶段的核心是"范式"。科学假说存在的意义也就是它能够用统一的理论范式来统一前范式科学阶段的"混乱"，利用这个建构性的假说获得科学家群体的认可，由此它将指导未来科学领域的发展。待到新的科学现象和科学问题出现，该学说无法利用这一套范式来解释。针对这些新问题和新现象，科学家们势必会提出新的解决办法即提出新的科学假说，而这个解决之道就是新科学假说对旧科学假说的革命，新范式对旧范式的扬弃，也就是库恩所讲的科学革命。

本书正是基于以上的思考而进行科学假说发展的梳理，主要挑选了科学发展史上具有影响力的十大科学假说。科学规律发展的道路不是一帆风顺的，科学规律的发现是数代科学家共同努力的结果，科学假说是基于现实问题和需求而从理论角度建构的最可能的方案之一，我们通过科学假说一步步逼近真理而走向真理的殿堂。

是为序。

曹玺敬

中科院科学史所

2012 年 12 月 3 日

目 录 科学十大假说
KEXUE SHIDA JIASHOU

第一章

伽莫夫大爆炸宇宙假说

原始的混沌，膨胀的宇宙。

——伽莫夫

乔治·伽莫夫（George Gamow, 1904—1968）是俄国著名的物理学家和天文学家。1928年在苏联列宁格勒大学获物理学博士学位。1928—1932年先后在丹麦哥本哈根大学和英国剑桥大学师从著名物理学家玻尔和卢瑟福从事研究工作。1931年回到列宁格勒大学任教授。1933年在巴黎居里研究所从事研究。1934年移居美国，任密执安大学讲师，同年秋被聘为华盛顿大学教授。1940年代，伽莫夫与他的两个学生——拉尔夫·阿尔法和罗伯特·赫尔曼一道，将相对论引入宇宙学，提出了热大爆炸宇宙学模型。1954年任加利福尼亚大学伯克利分校教授，1956年改任科罗多大学教授，荣获联合国教科文组织颁发的卡林伽科普奖。

▲ 大爆炸宇宙论模型

1948年4月1日，美国《物理评论》杂志上发表了一篇重要的论文，题为《化学元素的起源》。这篇文章认为，宇宙起源于一次大爆炸，地球上和宇宙中发现的原子都是大爆炸的产物。有趣的是，该论文的署名为"阿尔法（R. A. Alpher）-贝特（H. Bethe）-伽莫夫（G. Gamow）"，实际上这篇论文的作者只有伽莫夫和他的学生阿尔法，贝特的名字是伽莫夫出于幽默加上去的，其效果刚好为希腊字母的头三个字母α，β，γ，以此来象征宇宙之始真是再恰当不过了。因此，也有人将伽莫夫宇宙起源的假说幽默地称为αβγ假说。大爆炸宇宙假说后来被认为是宇宙学研究中最重要的假说，并成为20世纪的一个热门话题。

宇宙概念的演化

战国时期，中国古人已对"宇宙"一词有了明确的定义和阐释，并形成了一套完整的理论。在西方,宇宙以日心说和地心说的两大理论的竞争而开展,随着近代科技革命的诞生,人们对宇宙概念的理解和认识不断深入。

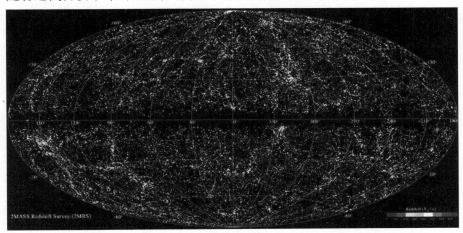

▲ 宇宙全景图

关于宇宙的概念及其相互关系,我国古人对此早已有表述,中国古代和现代宇宙学观念之间很有几分相似性存在。关于宇宙的概念,我国战国时代的尸佼曾对"宇宙"这个概念下过一个很深刻的定义"四方上下曰宇,往古来今曰宙"。其实,这种认识并不是个别人的见解。《墨经》中就有类似的论述"宇,弥异所也","宙,弥异时也"。《经说》解释为"宇,蒙东西南北","宙,合古今旦莫"。"宇"指空间,"宙"指时间,宇宙就是空间和时间的统一。

关于宇宙的时空结构的演化,我国古代的经典中早就主张宇宙万物是有自然起源的,在《老子》中有"天下万物生于有,有生于无"。汉代的《易纬·乾凿度》,对宇宙万物的起源说得更加细致,"夫有形生于无形,天地之初有太易、太初、太始、太素。太易者,未见气,太初者,气之始也,太始者,形之始也,太素者,质之始也"。用现代的观点来衡量,这些话无疑可以说是一种极早期的宇宙学了。

在公元三世纪时,流行于中国的标准的宇宙演化学是这样说的"天地混沌如鸡子,盘古生其中,万八千岁,天地开辟,阳清为天,阴浊为地,盘古一日九变,神于天,圣于地,天日高一丈,地日厚一丈,盘古日长一丈,如此万八千岁,天数极高,地数极深,故天去地九万里"(《三五历记》《太平御览》)。在这里,不仅同样认为宇宙大体经过从混沌状态的不透明到清浊分离状态的透明的演化阶段,甚至还提到在整个演化过程中,宇宙是不断在膨胀地天日高一丈,并且给出了具体膨胀速率、宇宙的年龄万八千岁以及现今宇宙的尺度天去地九万里。不能不说它是最早的宇宙膨胀说之一。当然,从定量的角度看,这种膨胀的时标和宇宙空间的尺度都太小了。

尽管人生有限,生活在地球上的人类还是想弄明白,宇宙有多大?我们所生存的宇宙空间到底是什么模样?宇宙是从哪里来的?它是如何起始的?又是如何演变到今天的?它会不会有终结?如果有,它又将如何告终呢?千百年来,人们为回答这些问题绞尽脑汁。在我国古代就曾出现过"盖天说"、"浑天说""宣夜说"等各种假说。其中,"宣夜说"是我国历史上最具有卓见的宇宙学说,它认为宇宙是无限的,宇宙中充满着气体,所有天体都在气体中漂浮运动。这一思想与现代天文学的许多结论不谋而合,但是,科学不能满足于天才的直觉和纯粹的思辨,它要求在观测的基础上对宇宙作出科学的论断。

事实上,宇宙的概念是随着人类视野的扩大而扩大的。望远镜发明以前,肉眼所及的天空最多也只能看见六七千颗星星,而且肉眼所见的是太阳东升西落,很容易使人得出众星绕地而行的结论。在中世纪的欧洲,"地心说"一直占统治地位,"地心说"认为,地球处于宇宙的中心静止不动,太阳、月球、行星在各自的轨道上绕地球运行,整个天球的最外面还有一层推动天体运动的原动天。长期以来,人们一直坚信地球是宇宙的中心。1543 年,哥白尼在《天体运行论》中宣布,"太阳是宇宙的中心",地球和其他行星皆围绕太阳运转。这时的宇宙体系依然局限于太阳系的范围。1609 年,天文观测发生了伟大的变革——伽利略自制的天文望远镜问世。随着望远镜口径的增大,人们能够观测到的空间范围越来越大;当他们把望远镜对准茫茫银河时,惊异地发现银河竟是由无数恒星所组成。1750 年,英国天文学家赖特(T. Wright,1711—1786)出版了《一个创新的宇宙理论》,人类的视野开始扩大到银河系。相当长的时期内，在许多人眼里银河系几乎与宇宙是同义语。后来，随着望远镜的改进，天文学家又发现在银河系之外，有许多与银河系相类似的由无数恒星所组成的星系，它们都是独立的天体系统，这些天体系统被统称为河外星系。河外星系在宇宙的汪洋大海中有如岛屿般星罗棋布，被形象的称为"宇宙岛"。较相近的"宇宙岛"集结在一起组成的"群岛"又被称为星系团。

20世纪以来，天文观测的尺度已扩展到200亿光年的空间区域。如此巨大的宇宙，你可能已经望而却步了，用什么方法来认识那些遥不可及的广大领域呢？我们知道，天体的信息是通过电磁波的辐射（比如光）传给我们的，对于遥远的星体，光在旅行中要经历漫长的时间，比如说离我们一亿光年的天体，光要用一亿年才可以将它的信息送到，所以现在我们看到的是它一亿年前的形象。这样，我们观测到的不同天体，给我们展示了时间上各不相同的"样本"，我们所看到的从百万年到上百亿年前的各种"样本"，包含着上百亿年的演化线索。现代宇宙学就是在如此大尺度的时空范围内，根据各种线索来探索可观察宇宙的结构与演化方式的。

宇宙学家在探索已知宇宙的结构、起源和演化时，常常提出一些假说，关于宇宙的假说被称为宇宙模型。关于宇宙的模型有很多，迄今为止最有影响力的当属伽莫夫的大爆炸宇宙假说。伽莫夫的假说是建立在爱因斯坦（A. Einstein, 1879—1955）相对论宇宙学的基础之上的，早在20世纪20年代，伽莫夫在列宁格勒读大学时，就受其老师影响而成为相对论宇宙学的拥护者，第二次世界大战期间，伽莫夫在普林斯顿更是受教于爱因斯坦。所以，探讨伽莫夫的大爆炸宇宙假说，先从了解相对论宇宙学说谈起。

▼ 相对论宇宙学说：静态宇宙观

1916年，爱因斯坦以等效原理和广义相对性原理为基础，建立了广义相对论，次年就将广义相对论用于宇宙学，以克服牛顿引力论用于宇宙的原则性困难，发表了《根据广义相对论对宇宙学所作的考查》一文，拉开了现代理论宇宙学的序幕，提出了相对论宇宙学的第一个自洽的宇宙学模型，即静态无边有限的宇宙。爱因斯坦宇宙模型的逻辑前提是：（1）理论前提是宇宙学常数的引力场方程。（2）宇宙学的对象是物理宇宙，物理宇宙就是整个宇宙，因而是唯一的。爱因斯坦常使用类似的概念，如"整个空间""整个宇宙空间"。（3）宇宙的结构假设——宇宙学原理，认为物质均匀分布在庞大的空间里，于是空间曲率为常数、时间为常数的超曲面为一个球面空间，空间均匀各向同性。（4）宇宙的边界条件是宇宙空间没有边界，或者说，宇宙就其空间来说是闭合的连续区。爱因斯坦认为，满足广义相对性原理及很小的星速度这一要求，采用整个宇宙空间的闭合性这一假设是合理的。（5）引入静态宇宙假设及有限宇宙假设。为此，爱因斯坦修改了引力场方程，引入宇宙学常数 Λ（相当于排斥作用），以同引力抗衡。由于采用静态宇宙假设，也排除了宇宙的初始条件问题。（6）引入宇宙时和特殊坐标系，即整个物理宇宙存在一个统一的时间。这一点是与广义相对性原理假设相违背的，因为引力场一般不存在统一时间。爱因斯坦引入特殊坐标系，物质相对于它可以看作是保持静止的。

　　而在此之前，人们普遍接受的是牛顿所描绘的宇宙图像，牛顿认为，构成宇宙的时间和空间都是无限的。时间像一条河流，从过去向现在和将来均匀流逝。空间像一个巨大的容器，在上下、左右、前后这些方向上无限延伸。在这个无限而又空虚的背景上，均匀地分布着无限多的天体，这些天体当然也包含着无限大的质量。牛顿所描绘的这幅宇宙图像被称为"无限无边宇宙模型"。但是，牛顿的这个"无限无边宇宙模型"却遇到了两个著名的难题。一个被称为"光度佯谬"，1826年由德国哲学家奥尔伯斯（H. Olbers，1758—1840）提出，所以又称为"奥尔伯斯佯谬"。奥尔伯斯指出，如果宇宙是无限的，星系均匀地遍布整个宇宙，每个星系都放射光芒，那么当人们遥望天际时，整个天空应当是灿烂辉煌，但情况并非如此。另一个被称为"引力佯谬"，1895年，德国物理学家西利格尔（H. von Seeliger）指出，如果宇宙中存在无限多的天体，并且这些天体具有无限大的质量，那么它们作用在宇宙间任何一个物体上的万有引力将是无限大；在这种情况下，任何物体在这些力的作用下应该获得无限大的加速度，但实际上并没有出现这种情况。

牛顿无限无边的宇宙模型是与其"绝对时空"联系在一起的，所谓"绝对时空"也就是把时间和空间看作是绝对静止、永恒不变的存在。在牛顿的宇宙体系中，时间和空间只是构成物质世界的无限的大背景、大容器，作为物质运动的参照系，不管物质世界如何变化，时间和空间是绝对不受其影响的。正是在这一点上，爱因斯坦的观点与牛顿的观点有很大的区别。按照爱因斯坦的广义相对论，宇宙中没有绝对的时间和空间，无论是时间还是空间都不能与物质割裂开来，物质具有质量，质量会产生引力场。爱因斯坦认为宇宙中的物质、引力与时空是紧密相连的，物质的质量越大产生的引力场越强，强大的引力场能使空间弯曲。既然已有证据表明太阳的质量能够使其附近的空间弯曲，那么宇宙中的所有质量足以使整个宇宙弯曲。因此，爱因斯坦认为，我们的宇宙空间并不是牛顿所描绘的三维平直的欧几里得空间，而是一个弯曲的空间。再进一步说，我们还可以根据宇宙学原理，得出宇宙空间各点的曲率处处相同的结论。

这个弯曲的空间是什么样的呢？让我们来观察一下地球的表面。现在我们已经知道，地球是近似圆的，如果一个人在地球表面上向任意一个方向奔跑，那么他永远也不会发现地球的尽头，而且在一定时间后他必定会返回到出发地点（不考虑海洋和其他障碍物）。如果你觉得不可思议的话，可以把地球表面想象成一个皮球（二维球面），皮球上有一只甲虫，这只甲虫在皮球上爬来爬去，永远也找不到皮球的尽头。如果把皮球比作甲虫的宇宙的话，从中我们不难得知，"这些生物的宇宙是有限的，但又是无界的"。作为一个二维球面，它是封闭有限的，同时又是无限的——你永远也找不到这个球面的边界。现在，我们把这个二维的有限无边的球面加以推广，就可以得到一个三维的有限无边的弯曲空间，这种三维球面的弯曲空间便是爱因斯坦所设想的宇宙空间的模型，即一个有限无边的宇宙模型。

在这个模型中，爱因斯坦放弃了欧几里得几何学关于三维空间无限性的传统观念（无限即无边），主张宇宙是一个闭合的连续区，连续区的体积是有限的，但它是一个弯曲的封闭体，因而是没有边界的。天体均匀地分布在这弯曲的封闭体中。这就好像一个球体的表面，虽然面积是有限的，但是沿着球面运动总也遇不到边。在宇宙中，沿一直线进行的光束最终会绕一大圈，并回到其出发点。这个描述解决了烦扰天文学家多年的一个问题：即宇宙的边缘问题。的确，如果宇宙有边缘，那么在宇宙的另一边是什么呢？在爱因斯坦的宇宙中人们不必担心有关边缘的问题。

继爱因斯坦宇宙模型之后，1917年，德西特提出德西特静态宇宙模型，有物质运动和光谱红移。1922年，弗里德曼解爱因斯坦无宇宙学项的引力场方程得到均匀各向同性的宇宙模型。1927年，勒梅特得到含有宇宙学常数的均匀各向同性的宇宙模型。以上这些相对论宇宙模型，将爱因斯坦宇宙模型的大多数前提接受下来，从而构成了相对论宇宙模型前提的共同点：（1）整个可观测宇宙是唯一的，它由广义相对论场方程描述；（2）引入宇宙学原理，即同一时刻宇宙空间均匀各向同性；（3）除德西特宇宙模型之外，引入固有时与宇宙时相等，存在特殊坐标系或共动坐标系。

膨胀的发现：挑战静态宇宙观

按理来说，宇宙膨胀的理论应该由爱因斯坦第一个提出，因为根据广义相对论的计算结果，有限无边的宇宙必定是动态的，要么膨胀，要么收缩，要么振荡，总之，在此基础上得出动态宇宙的结论是极其简单而又自然的事情。甚至从牛顿以来，要认识宇宙在不断膨胀，并作出这一预言，应该是一件不难的事。因为根据万有引力定律，静止的宇宙在引力作用下会很快开始收缩。因此，假定宇宙膨胀是顺理成章的事情。然而，受传统的静态宇宙观的束缚，爱因斯坦和他的先辈一样认为宇宙在大尺度上应当保持不变。为了使其场方程能得出静态宇宙的结论，爱因斯坦不惜引进一个"宇宙因子"对其场方程进行改造，对此，爱因斯坦晚年时懊悔不已。但无论如何，相对论宇宙学理论本身却向人们暗示,宇宙是动态的变化的。1922年,伽莫夫在列宁格勒大学时的老师,苏联数学家、物理学家弗里德曼(A. A. Friedmann,1888—1925)用爱因斯坦的理论研究了宇宙空间结构,他发现不随时间发生变化的空间是不存在的。随着时间的推移,空间要么变大,要么缩小。在这一发现的基础上,弗里德曼建立了一个动态的宇宙模型,并作出了宇宙正在膨胀这一惊人的预言。

根据弗里德曼的宇宙模型,宇宙演化有三种不同的途径,这就好像从地球表面向上抛石头,如果石头的抛出速度足够大(或者地球的质量足够小),石头就可以战胜地球的引力跑到无限远的地方。这相当于宇宙物质的平均密度小于某一临界值的情况,在这种情况下,星系以极快的速度互相退离,速度之快连它们之间的引力都无可奈何,只好让宇宙无休止地膨胀下去。第二种情况,如果石头没有足够的抛出速度(或者地球的质量足够大),它将在达到一个最大高度后再跌回到地面上。这相当于宇宙物质平均密度大于临界值的情况。在这种情况下,星系以非常缓慢的速度互相退离,它们之间的引力不断作用将使这种互相退离运动最后终止,继而开始互相趋近,即宇宙膨胀至最大尺度后便开始坍塌。此外,还有第三种情况,星系之间的退离速度正好达到避免其坍塌的临界值,宇宙不断膨胀,但膨胀速度逐渐趋于零。

我们现实中的宇宙究竟对应于哪种演化途径呢?这完全取决于宇宙中物质的平均密度。我们现在能够直接观测到的宇宙物质密度还不足以阻止宇宙的膨胀,然而我们现在已有足够的证据确信,宇宙中除了看得见的星系之外,还存在着大量的看不见的"暗物质"如中微子。近年来的实验表明,中微子的静止质量并不是零。这些不可视物质是否能够阻止目前的宇宙膨胀,正是科学界极为关注的问题。

从爱因斯坦到弗里德曼,宇宙膨胀只是理论上的建构,除了理论依据外,还必须取得天文观测事实的支持。星系光谱红移的发现无疑给宇宙膨胀的理论提供了最有力的支持。

1929 年,哈勃根据直接观测得到的 24 个星系的红移—视星等关系,与德西特宇宙模型中的光谱红移现象联系起来,获得了星系的退行速度与距离间的线性关系,即哈勃定律,并认为它是德西特效应的一级近似。1930 年,爱丁顿把红移解释为非静态宇宙的膨胀效应,因此,哈勃定律就成为宇宙膨胀的观测证据。值得注意的是,哈勃定律中的速度与距离都是不可直接测量的量,哈勃定律的获得是在直接测量的红移—视星等关系的基础上通过一系列假定才得到的。星系红移及其解释为哈勃定律成为观测宇宙学辉煌的一个里程碑,确立了宇宙膨胀演化的概念,对宇宙学的发展和建立理论宇宙学与观测宇宙学之间的联系都具有重大的意义。这说明观测宇宙学能够获得天体结构、天体运动的普遍规律,能够为建立正确的理论宇宙学模型导航。哈勃定律的发现,也促使人们对宇宙学进行反思,要求宇宙模型能够说明观测宇宙学的观测事实。

红移是怎样产生的?红移与距离的关系又说明了什么呢?大多数天文学家认为星系的红移是多普勒效应引起的。1842 年奥地利物理学家多普勒(Doppler, 1803—1853)发现声波的波源在接近观测者时,波长变短,频率变高;在离开观测者时,波长变长,频率变低,这个效应称为多普勒效应。如果你乘过火车,一定有这样的经验:你站在站台上,火车进站时的汽笛声听起来越来越尖(频率变高),出站时的汽笛声听起来越来越沉(频率变低)。这种现象就是多普勒效应引起的。多普勒指出,这种效应不仅适用于声波也适用于光波,当光源接近观测者时,波长变短,当光源远离观测者时波长变长。后来有人发现,观测光的多普勒效应的最好方法是测量谱线在连续光谱上的位移,光源向着观测者运动时,谱线在连续光谱上向紫端移动,远离观测者运动时,谱线在连续光谱上向红端移动。

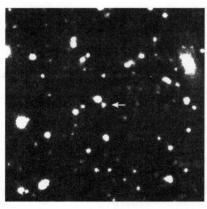

▲ 红移

根据多普勒效应,红移现象意味着星

系都在退离我们而去,红移量随距离而增加,说明河外星系退离我们的速度与它们的距离成正比。换言之,整个宇宙正处于膨胀运动之中。哈勃的这一发现说明,已经观测到的宇宙不仅有结构,而且有整体性的运动。星系的退行运动便是宇宙膨胀的一种观测效应。需要说明的是,宇宙膨胀并不是以地球上的观测者为中心的,根据宇宙学原理,对于任何星系团中的观测者来说,其他星系都在离它而去。好像一个涂有许多小圆点不断吹大的气球一样。当气球膨胀时,上面的每一个点子都在与其他各点子逐步远离。不过,气球上的点子随气球而膨胀时,宇宙中的星系团不随宇宙膨胀。现在,从星系红移的多普勒效应出发,大多数天文学家都接受了广义相对论的膨胀宇宙的模型。正是由于这个原因,哈勃的发现被人们视为 20 世纪天文学中最杰出的发现,它使人们对宇宙的概念,自 400 多年前哥白尼革命以来,又一次发生了巨大的变化,它用宇宙膨胀这一令人惊讶的事实,代替了一幅永远静止的宇宙图景。

大爆炸宇宙论的建立和证实:动态演化宇宙观

1948 年,伽莫夫①、阿尔法和赫尔曼等根据当时已知的氦丰度和哈勃常数

---

① 1904 年伽莫夫出生于俄国南部的敖德萨城。童年时伽莫夫曾得到过两件难忘的礼物——一架显微镜和一架小望远镜,这两件礼物激起了他无穷的求知欲,使他从小就决心成为一个研究物理学和天文学的科学家。大学时,伽莫夫曾经是弗里德曼的学生,我们已经知道弗里德曼是相对论宇宙学的先驱,伽莫夫通过选修弗里德曼的"相对论的数学基础"一课,了解了相对论的宇宙学说,当然,他也是膨胀宇宙观的拥护者。伽莫夫本想跟从老师研究宇宙学,后因老师去世而未能遂愿。求学期间,伽莫夫还曾在格丁根、哥本哈根和剑桥受教于玻恩、玻尔和卢瑟福三位物理学大师,受益匪浅。伽莫夫曾长期从事核物理的研究,1933 年定居美国之后,伽莫夫的兴趣转向天体物理学的领域,他曾与人合作发表了《恒星内部的温度》《恒星内部的热核反应》等文章,这些研究使伽莫夫意识到:星体上化学组成的差异,对于化学元素起源和宇宙早期发展的问题有着重要意义。40 年代涉足宇宙学以后,他的创新工作就是将宇宙学与物理学结合起来,用现代物理学的知识去开拓对宇宙天体现象的认识。具体来说,就是将化学元素的起源同宇宙的演化联系起来,通过宇宙中现存元素的微观考察推测宏观天体的演化,这种方法本身就是富有启迪意义的。

等资料,利用热核反应理论,提出了大爆炸宇宙学说,可以解释星系退行和氦丰度问题,并预言了现在宇宙间充满具有黑体谱的残余辐射。在1965年,为彭齐亚斯和威尔逊的观测发现所证实,随之掀起了相对论宇宙学的第二次高潮。宇宙学家在原理论中引入粒子物理学、规范场论,于1970年代末发展成为现代宇宙学标准模型。现代宇宙学标准模型的科学前提基本上继承了相对论宇宙学的共同前提,即(1)广义相对论作为理论前提,观测宇宙是唯一的宇宙,用场方程描述宇宙;(2)引入宇宙时和共动坐标系,且宇宙时就是固有时,从而可以采用理想流体的能量动量张量表达式;(3)引入宇宙学原理,宇宙时为常数的宇宙空间是均匀各向同性的。此外,采用了宇宙学度规差为-2(等效原理),而宇宙的初始条件问题希望在量子宇宙学中得到解决。

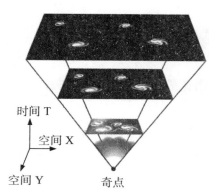

时间 T

空间 X

空间 Y   奇点

▲ 大爆炸宇宙模型

1948年前后,伽莫夫和他的同事连续发表了《膨胀宇宙和元素的起源》《化学元素的起源》《元素的起源和星系分离》等文章,由此构造出了大爆炸宇宙论的较完整的框架。大爆炸宇宙论认为宇宙起源于一个高温、高密度的"原始火球",并有过一段由密到稀、由热到冷的演化史。这个演化过程伴随着宇宙的膨胀,开始时十分迅猛,如同一次规模巨大的爆炸一样,所以被称为大爆炸宇宙模型。

这个模型向人们提供了自大爆炸开始后 10^{-6} 秒直至今天的演化全过程。在宇宙的极早期,温度极高,在100亿度以上,简直是一团火球,火球内物质的密度几乎为原子核的密度。这时宇宙中只有质子、中子、光子、中微子等一些基本粒子。因为整个体系在不断膨胀,温度很快下降,当温度降到10亿度时,中子失去自由存在的条件,它或者衰变为质子和中微子,或者与质子结合成重氢、氦和其他一些较轻的元素。化学元素从这一时期开始形成,宇宙中30%左右的氦丰度值就是在这个时候形成的。(元素的丰度是指元素的数密度的相对值。在宇宙中,氢与氦是最丰富的元素,二者丰度之和约占99%。)
当温度降到100万度时形成化学元素的过程结束,这个时期宇宙中以热辐射
为主,物质主要是质子、电子、光子和一些比较轻的原子核。当温度降到几千
度时,热辐射减退,电子和原子核开始结合成原子,这时宇宙间主要是弥漫的
气体,由于引力不稳定,有些地方的弥漫气体凝聚为气体星云,气体星云再进
一步收缩成星系和恒星,成为我们今天所看到的宇宙。

根据伽莫夫所勾勒的宇宙史,如果宇宙肇始于遥远过去的某种既热又密
的状态,那就应该留下某种从这个爆发式的开端洒落的辐射。早在1948年,
伽莫夫、阿尔法和赫尔曼就曾预言,从大爆炸散落的残余辐射今天依然存在,
只是随着宇宙的膨胀,热辐射不断减退,其温度已降至约5K左右,现在已经
成为宇宙微波背景辐射了。

虽然早在1948年伽莫夫的大爆炸宇宙学说已经预言了这种背景辐射,
但是当时人们对这样一个重要的预言并不在意。也许是由于理论研究与观
测工作互不通气的原因,大爆炸宇宙学说的预言并没有促使射电天文学家去
探索、确证微波背景辐射的存在。微波背景辐射的发现,在一定程度上是偶
然的。

20世纪60年代初,为了改进与
通信卫星的联系,美国贝尔实验室建
立了一套新型天线接收系统,它的定
向灵敏度超过了当时所有的同类型射
电望远镜。1964年5月,两位工程师
彭齐亚斯(A. A. Penzias,1933—)和
威耳逊(R. W. Wilson,1936—),在
用这套装置进行测量时,意外收到一
个射电噪声辐射。在此后一年的测量

▲ 彭齐亚斯和威耳逊与射电望远镜

中,他们发现在任何季节,任何方向都能接收到这种噪声,这个消除不掉的噪
声具有高度的均匀各向同性的特点。这样的辐射不可能来自任何特定的辐

射源,它弥漫全天,处处一样,就好像是恒星、星系和众多辐射源的背景一样。这个观测事实无疑证实了大爆炸宇宙学家关于宇宙背景辐射的预言。可是,当时彭齐亚斯和威耳逊还不明白这一发现的意义,恰巧那时普林斯顿大学的科学家迪克(R. Dicke)和皮尔斯(J. Peebles)正在研究宇宙大爆炸的问题,并着手设计一台探测器以搜索大爆炸的残余辐射。1965 年,彭齐亚斯和威耳逊与他们互访交流后,终于领悟到他们所发现的宇宙背景辐射正是源自大爆炸的残余辐射。它相当于波长为 7.35 厘米的某种无线电波信号,如果假设它是热辐射,那么它所具有的能量就相应于 2.7 K 的温度,这就是人们常说的 3 K 微波背景辐射——与伽莫夫、阿尔法和赫尔曼的预言非常接近。从历史上看,微波背景辐射不是在宇宙起源研究的理论指导下发现的,而是在发现结果之后,才作出相应的理论解释的。这样,宇宙背景辐射的发现为大爆炸宇宙学说提供了极其有利的论据。1965 年 5 月,《纽约时报》刊登了一篇举世瞩目的报道《贝尔电话公司实验室的科学家们观察到了宇宙形成大爆炸的余音》。宇宙背景辐射的发现确定了大爆炸宇宙模型的"正统"地位,使大爆炸的宇宙模型成为 20 世纪最热门的一个科学假说。1978 年,彭齐亚斯和威耳逊因这一发现双双获得诺贝尔物理学奖。伽莫夫似乎更应该获得这个荣誉,可惜他已于 1968 年与世长辞。但不管怎样,他的名字由于宇宙大爆炸的假说而载入科学史册。

讨论宇宙演化的模型有很多,大爆炸的宇宙模型之所以使大多数宇宙学家感兴趣,是因为它所能够说明的观测事实最多,并且有过已经被观测事实初步证实了的预言。前面我们着重介绍过光谱红移现象和宇宙微波背景辐射的发现,除此之外还有两个证据也是人们经常提及的。一是关于宇宙的年龄问题,大爆炸假说主张所有的恒星都是在温度下降以后产生的,因而天体的年龄应小于温度下降至今天的这段时间,据推测为 200 亿年,对各种天体年龄的测量证实了这一点。二是关于宇宙中氦丰度的问题,在不同的天体上,氦丰度相当大,而且大都是 30%。用其他理论都无法说明为什么有如此多的氦,而根据大爆炸假说,宇宙早期的温度很高,产生氦的效率也很高,宇宙中有如此多的氦是不足为奇的。

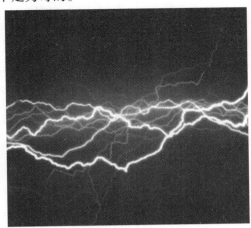

▲ 宇宙背景辐射

虽然大爆炸宇宙假说能说明较多的事实,但它同样有不足之处,尤其是对宇宙极早期(10^{-32}秒之前)的描述上,还存在着一些难以解释的疑难。比方说,根据广义相对论,宇宙的起点必然是一个没有时空的"奇点","奇点"问题给人们带来了极大的困惑。但无论如何,大爆炸宇宙假说还是为大多数宇宙学家所接受,被认为是"标准宇宙模型",它的欠缺为宇宙模型的进一步完善提供了方向,20世纪80年代出现的"暴胀宇宙论"就是在此基础上的进一步发展。

大爆炸宇宙论的改进:暴胀宇宙学和量子宇宙学

大爆炸宇宙论能较好地解释宇宙的膨胀,宇宙背景辐射与宇宙中氦的丰度问题,这是它的成功之处,由此也奠定了它在众多宇宙论模型中的所谓"标准模型"地位,但大爆炸宇宙论也有它的致命弱点。首先,是对宇宙初始膨胀阶段(即从10^{-43}~10^{-35}秒这一阶段)的解释问题。如果我们探究宇宙倒转到它自身产生的一刹那的情况,我们就会发现,宇宙已被压缩到一个不可能再小的体积内,此时它具有无限大的密度与无限高的温度在数学术语中我们称宇宙起源于一"奇点",但是,奇点在任何物理理论中都是一个灾难,奇点告诉我们,在我们对自然界的描述中，我们已犯了一个极大的错误。从根本上讲，大爆炸宇宙论是在爱因斯坦广义相对论的基础之上产生的；彭罗塞与霍金等人证明，只要关于物质、能量以及因果性等一些合理的物理条件成立，在广义相对论中就不可避免地存在着奇点；在这类奇点处，时空流形达到尽头；由于不知道奇点所遵循的规律，物理学，包括广义相对论，将随着奇点的出现而失效。

其次，是宇宙"年龄冲突问题"。1994年10月末，以英国格林威治天文台休伊斯博士为首的一个国际天文学家小组，在英国《自然》杂志上报道说宇宙比它们包括的一些恒星还要年轻，与传统的大爆炸理论完全相悖；最近他们利用哈勃太空望远镜进行的测量表明，宇宙可能只有80亿年的历史。观测发现宇宙正在迅速地膨胀，其速度要比大爆炸理论认为的快得多。天文学家们还推断说，宇宙似乎比位于我们银河系的一些恒星还要年轻；银河系有可能已诞生长达160亿年了。"年龄冲突"表明，不是目前的标准大爆炸宇宙论需要修改，就是关于恒星和银河系的演变理论需要重新审查。

此外，还有失踪质量问题、星系形成问题、正反物质不对称问题以及各向同性的起源问题，都有待大爆炸宇宙论去解决。为避免奇点等问题，我们需要一个更好的理论，它就是"引力"量子理论。在描述其他三种自然力，即电磁力、弱与强核力时，一直是成功的，所以，人们对它寄予了厚望；对有关这三种力的量子理论可以在粒子加速器中进行检验。而对引力则是不可能的，理由很简单，引力太弱了。不过，无论如何，在粒子加速器中所进行的实验已提示我们，四种自然力仅仅是一种"超力"的不同方面的表现。在大爆炸后，随着宇宙温度下降，所有这四种力逐个地从这一超力中"冻结"出去。人们相信，当宇宙年龄仅为 10^{-43} 秒时，包括引力在内的所有的力，都是同一种力。因此，如果没有一个合适的量子引力理论，那么，对宇宙的诞生是不可能理解的。

其中，有些困难可以引入某种过程或机制得到解决，然而近年来观测宇宙学的重大发现使某些困难更为突出，似有严重挑战标准模型之势，其中密度扰动问题就是一个聚焦点。这些新的观测事实是：（1）宇宙空间存在超大尺度结构。例如，1981年发现尺度约为69Mpc的空洞（Void），1989年发现大小范围约为 170Mpc[①] × 60Mpc × 5Mpc 的星系长城 C. Great Wall,特别是1992 年 4 月下旬 COKE(宇宙背景探索者)卫星发现的微波背景辐射的巨大波动,波动尺度大约为 25 亿光年,这说明宇宙在大尺度上也是不均匀的和各向异性的。因此,解释宇宙结构不均匀的生成,成为一个刻不容缓的当前问题。(2)富星系团、大的星系超团中某些星系具有很大的特殊速度(即星系相对于共动坐标系的速度),这导致审查共动坐标系概念的合理性。(3)星系红移分布的成团性(周期性)和类星体红移分布的周期性。现代宇宙学所面临的困境,揭示了标准模型——大爆炸宇宙论——存在固有矛盾、揭示出特设性极强的现代宇宙学的科学前提存在不合理要素。

为了解决这些问题,工作在一线的著名物理学家和天文学家对大爆炸理论进行了改进,由此诞生了暴胀宇宙学和量子宇宙学。

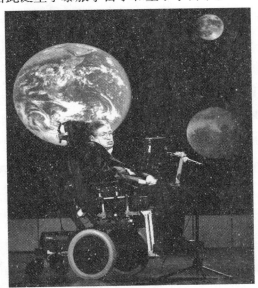

▲ 霍金

---

① Mpc:天体距离的一种单位。1pc 等于恒星周年视差为 1″(角秒)的距离,约等于 3.26 光年。百万秒差距(million parsec),1Mpc=1000000pc。Mpc 是兆秒差距的意思,1Mpc 等于 10^6 秒差距,也就是一百万秒差距。

1979年，美国物理学家迪克和皮伯斯在由霍金主编的《广义相对论》文集中，发表了题为《大爆炸宇宙学——疑惑和灵方》的文章。该篇文章指出，在现有的宇宙学理论（热大爆炸模型）中存在着两个理论无法克服的难题。一个难题是观测到的宇宙为什么是均匀、各向同性的。因为宇宙在爆炸的时刻应该是不均匀的，从不均匀到均匀，需要一个"搅拌"过程，这个过程，即使以光速来进行，按现有理论计算的宇宙年龄（200亿年左右）也来不及完成。迪克和皮伯斯在文章中写道："（相互作用的物体之间必定存在的）因果联系要求信息从一处传递到另一处的速度不能超过光速。这样，围绕任意一个给定物体，它能施以影响的作用区域在宇宙演化的过去要比现在小，这个区域所含的物质也比现在少。"这个难题通常也叫"视界问题"。另一个难题是现在观测到的宇宙为什么是平直的。按照现有理论，在罗伯逊—沃尔克（Robertson-Walker）度规下宇宙的演化有两种可能，或是永远膨胀，或是膨胀到某一时刻后收缩。相应前一种可能，宇宙空间的几何不是罗巴切夫斯基（双曲）几何就是欧几里得（平直）几何；相应后一种可能，宇宙空间的几何是黎曼（球面）几何。宇宙空间究竟满足何种几何，应由观测到的宇宙物质密度决定。目前看来，宇宙物质密度的值可能恰使宇宙空间是平直的。迪克和皮伯斯认为，一个完美的宇宙理论应能解释这一事实，然而热大爆炸宇宙模型不能。迪克和皮伯斯的高度洞察力使他们得以一针见血地道出了20世纪70年代末被视为标准模型的热大爆炸宇宙理论的矛盾所在，为宇宙学理论未来的发展给出了一个合理的方向。20世纪80年代之后的宇宙学理论果真从解决上述两个难题出发，把基本粒子理论引入到宇宙学，建立了暴胀宇宙模型，把量子理论引入到宇宙学，建立了微超空间的量子宇宙模型，宇宙学的研究开始从经典向量子过渡，这一过渡表明，宇宙学的研究已发展到一个新的理论转折时期，暴胀宇宙学和量子宇宙学的发展不仅完善了大爆炸理论，而且起到推动宇宙学理论研究发生转折的革命性作用。

暴胀宇宙学

古思的暴胀宇宙学

古思采用零质量粒子的理想量子气体近似以及考虑宇宙早期的绝热性热力学过程后,认为平直性问题和视界问题都和现在宇宙可观测到的巨大的熵有关。他认为:"如果(宇宙)绝热性假设不正确,那这两个问题都可以解决。也就是说假如宇宙极早期的熵比现在小得多,假如宇宙在极早期曾经历过一个熵骤然增加的非绝热过程才导致今天宇宙巨大的熵,那么视界和平直性问题都将不复存在。"为此,古思把基本粒子相互作用和规范理论中的相变概念引入到宇宙的极早期。他写道:"假定(宇宙)物质的状态方程表明在某个临界温度 Tc 发生一级相变,那么因为宇宙的冷却,经过临界温度时会出现低温相(真空)泡的成核和生长。如果相变导致的(真空)泡的成核率很低,那么随着宇宙的膨胀,宇宙将继续冷却到临界温度以下,形成高温相变下的过冷。假设宇宙过冷到大大低于临界温度 Tc 的某个温度 Ts 时,才发生相变,同时释放潜热。由于潜热是由能量标度 Tc 决定的,Tc 比 Ts 大得多,因此宇宙将重热并达到一个与临界温度 Tc 很接近的温度 Tr。在宇宙的曲率半径 R 保持不变的情况下,宇宙的熵(密度)将以比率 $(Tr/Ts)^3$ 增长。"

古思经过计算得出在 Tr/Ts,为 1028 以上,或者说宇宙过冷到某个比临界温度小到 28 个数量级以下的温度时,视界和平直性问题就消失了。如果考虑 Tr/Ts 为 1029,那么宇宙熵骤然增加 1087 倍,宇宙的尺度因子也增长1029 倍。由于此过程中宇宙以指数形式膨胀,故称暴胀(inflation)。

古思的研究工作正如他自己所说,只是为热大爆炸宇宙理论存在的问题提供了一个可能解。他在文章中明确指出,他的方案也有一些问题,主要是暴胀阶段所需时间过长,或者说宇宙由假真空态进入真真空态的时间过长,整个相变过程不能在标准的热大爆炸宇宙理论中轻核形成前完成。形象地说,暴胀阶段就像一位绅士在不紧不慢地、优雅地退离。这便是古思方案中"优雅退出(gracefully exit)"的困难。

古思的暴胀宇宙学尽管有着"优雅退出"的困难,但毕竟是一个合理和有新意的方案,可以看成是基本粒子相互作用相变理论在宇宙学上的首次应用。对于宇宙学来说,基本粒子理论的介入,为研究宇宙极早期处在热平衡状况下的辐射和粒子的关系提供了思路和方法。

新暴胀宇宙理论

古思之后,又有苏联物理学家、莫斯科列别德物理研究所的林德(A. D. Linde)吸收了古思的基本思想,在1982年提出了新暴胀宇宙理论。在他的理论中,对相变理论作了调整,引入SU(5)大统一高温相变,用温度修正后的SU(5)大统一理论的柯莱姆—温伯格(Coleman-Weinberg)势表达式运算标量场的场量。他计算了宇宙相变时的暴胀量,得出暴胀结束时宇宙尺度因子将增长10800倍,这个结果远大于古思理论中的1029倍,从而更好地解决了视界和平坦性等问题,但对"优雅退出"的困难并未彻底解决。

1983年,林德提出了一个想法更新颖的暴胀理论:混沌暴胀宇宙理论。混沌暴胀宇宙理论的一个优越之处是空间畴暴胀前不发生高温相变,因而也不存在"优雅退出"的困难。但是在混沌暴胀宇宙理论中计算出的密度涨落与实际差异较大。

扩充暴胀宇宙理论

1989年,美国物理学家斯坦哈特(P. Steinhardt)和拉(D. La)为了解决"优雅退出"的困难,建议用布朗斯和迪克在1961年提出的标量张量引力理论来代替爱因斯坦的广义相对论。布朗斯—迪克标量张量引力理论比广义相对论多引入一个标量场,认为"引力常数G应和标量场场量的平均值有关,而场量则同宇宙的质量密度相联系""正确的引力场方程是把G换成场量的倒数"。所以布朗斯—迪克理论中的引力常数是随时间变化的变量,如果理论中的参数选得恰当,可使该理论与广义相对论差异很小却能解决"优雅退出"的困难。

斯坦哈特的工作被称为"扩充暴胀宇宙理论"。在扩充暴胀宇宙理论中虽然不再有"优雅退出"的困难,但因参数可在一定范围内微调,所以扩充暴胀宇宙理论缺乏理论的自然性。

量子宇宙学

把基本粒子物理学引入宇宙学，建立和发展暴胀宇宙理论，使得对极早期宇宙（10^{-35} 秒左右）的演化有了研究的依据，同时也更诱发认识 10^{-44} 秒到 0 秒这一段时间间隔内宇宙演化的过程和特征。10^{-44} 秒的时间间隔，通常称为普朗克时间，必须引入量子理论才能正确地讨论这一时间间隔内所发生的事件。量子理论引入宇宙学已成为宇宙学理论发展的必然。也就是说量子宇宙学的提出已成为宇宙学发展的必然。

单宇宙体系的量子宇宙学

1982 年，在英国剑桥大学召开了"极早期宇宙学讨论会"。会上着重探讨宇宙演化的初始条件，考察量子引力在宇宙创生过程中的作用。英国剑桥应用数学和理论物理系的霍金在会上就量子引力和宇宙创生等问题作了精彩的发言。

1983 年，维仑金（A. Vilenkin）提出了单个宇宙由"无"通过量子隧道效应自发创生的理论。同年 12 月 15 日，美国芝加哥大学费米研究所的哈特尔（J. B. Hartle）和霍金联名在《物理评论》第 28 卷上发表了题为《宇宙波函数》的论文，建立了关于量子宇宙学的第一个宇宙模型——微超空间模型。由此，量子宇宙学诞生。在该文中，他们如此说："可以用一个波函数来描述闭合宇宙的量子态，这个波函数是三维紧致流形几何上的函数，并且与这些流形上的物质场的值相关。波函数服从惠勒—德西特（Wheeler-DeWitt）二阶函数微分方程。""我们在一个简单的微超空间模型里计算了宇宙的基态波函数和激发态波函数。结果表明，基态波函数在经典极限下与德西特（Willem de Sitter）空间对应，激发态波函数可以表示宇宙从零膨胀，达到极大后再塌缩的过程，而且存在着穿过势垒（奇点）到德西特型空间继续膨胀的几率（尽管十分小）。""可以认为，我们的模型表明（对闭合宇宙而言），宇宙在塌缩后将能通过奇点到达另一个膨胀期。"

哈特尔和霍金的这篇论文表明热大爆炸宇宙理论中的奇点问题可望通

过引进量子理论得以解决。此外还得出了一个新的观念:宇宙是由一个不可能进行时空描绘的量子态自发创生的。当然哈特尔和霍金的理论并不是成熟的量子理论,只是半经典半量子的理论,在计算中还用到一些近似条件,但毕竟是严肃地用量子理论研究宇宙学并给出一个模型的最初的尝试。

在这个阶段,量子宇宙学给出的总体想法是作为整体的宇宙是唯一的,这个宇宙是从无到有自发创生的。

多宇宙体系的量子宇宙学和虫洞

虫洞是一个拓扑学名词,是一种时空流形的拓扑涨落,是引导空间拓扑变化的一种机制,它是使两个互不连接的、完全孤立的时空流形建立联系的通道。

▲ 虫洞

在宇宙学研究中,在爱因斯坦的广义相对论理论框架里,总是把宇宙作为整体进行理论考察的。爱因斯坦场方程的一个解就是对整体宇宙的一种描述。场方程一般有多个解,因而对整体宇宙的描述不止一个。历来的看法是,其中一个解才真实地描绘了我们的宇宙,宇宙只有一个,其余的解是无意义的。1982 年,张沁源认为,由于我们研究的是整体宇宙,因而众多宇宙是无意义的,只有在找到了两个或两个以上目前看来是毫无联系的时空(宇宙)区域中确实存在的某种相互作用后,科学地讨论多宇宙才有可能。20 世纪 80

年代提出的虫洞就提供了这种联系。

到 20 世纪 80 年代末 90 年代初，在量子宇宙学框架内已确立了这样的认识，即爱因斯坦场方程的每一个解都是一种宇宙的解，我们的宇宙只是满足某个特定方程解的宇宙。如把我们的宇宙称为 P 宇宙，而其余解所表征的宇宙称为 B 宇宙（Baby 宇宙），那么可以说 P 宇宙处在 B 宇宙海中。P 宇宙与 B 宇宙及 B 宇宙之间的联系便是虫洞。虫洞是量子隧道效应的结果。

在关于多宇宙量子宇宙学和虫洞的理论工作方面，最先找到连接两个 B 宇宙虫洞解的是霍金（1987 年，1988 年）。以后美国物理学家杰丁斯（S. B. Giddings）、斯贾明（A. Strominger）、李（Kimyeong Lee）等对各种不同场的虫洞解进行了研究。1990 年，科莱姆（S. Coleman）和李（Kimyeong Lee）较为精确地得出了虫洞尺度 L 及大小虫洞的概念。

这一阶段的工作表明，虫洞可以描述引力的量子现象和空间拓扑变化，开始认识到一个合理的关于宇宙的图像是多宇宙体系的图像，各宇宙之间存在相互作用，相互作用可用虫洞连接。

量子宇宙学的三次量子化

既然宇宙可能是一个多宇宙体系，那么如何描述一个有相互作用的多宇宙体系，多宇宙体系的动力学如何作近似处理，众多 B 宇宙组成的宇宙海如何影响 P 宇宙，这一系列问题成为 20 世纪 80 年代末量子宇宙学所关注的热点。目前的研究方法是把每个宇宙作为粒子来处理，在理论上引入了三次量子化的量子宇宙学中，代替粒子概念的是宇宙概念，代替引力场的是三次量子场，代替时空的是三维几何的超空间，代替真空的是空洞（Void）。新概念的引入使宇宙学理论研究的面貌焕然一新。

20 世纪 80 年代以来，宇宙学以暴胀宇宙学的提出和发展及量子宇宙学的研究为代表，宇宙学的理论研究开始从经典向量子过渡。理论的转折与概念及方法的转折是结合在一起的。旧的概念，诸如作为整体宇宙、宇宙有限、时空的经典性等正在渐渐为多宇宙体系、宇宙无限、时空的量子性等替代，物质的运动必定与时空紧密结合的传统思想正在受到或许存在着没有时空的

物质运动的观点的冲击,传统的数学方法如张量分析等被现代的微分几何方法、拓朴方法等所代换。

新概念、新思想、新方法的介入,使理论宇宙学取得了长足的进步,宇宙学一跃而成为真正的科学前沿。它和大统一理论、规范理论、量子色动力学等理论物理学分支紧密结合,成为人类探索物质世界奥秘的极为有效的科学理论基础。

第二章

康德天体演化学说：星云假说

给我物质，我将用它造出一个宇宙来。

——康德

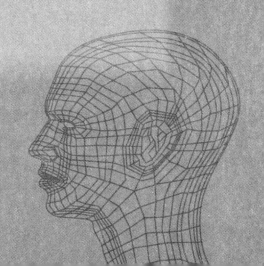

伊曼努尔·康德(Immanuel Kant, 1724—1804)德国哲学家、天文学家,星云假说、德国古典哲学的创始人;唯心主义、不可知论者、德国古典美学的奠定者。康德被认为是对现代欧洲最具影响力的思想家之一,也是启蒙运动最后一位主要哲学家。

在人类认识史上,对宇宙的探索,远在有文字可考的历史以前就开始了。关于太阳系的起源问题,我们的祖先主要把它理解为天地的形成问题。自古以来就有许多传说和上帝创世的梦呓。如中国古代有"盘古开天地"的神话,说的是在太古时代,天地浑浊如鸡子,有一位叫盘古的神,用一把神斧从中一砍两半,从此浑浊顿开,天日高一丈,地日厚一尺,经过漫长的岁月,形成了今日的天地。而《圣经》则说,天地万物都是由一位能"无中生有"的万能上帝,在虚无的宇宙中,在7天内创造出来的。

中国战国时代的伟大诗人屈原基于宇宙起源的传统观念提出了怀疑和质问,他的《天问》发出了千古绝唱:

请问,关于远古的开头,谁个能够传授?

那时天地未分,能根据什么来考究?

那时浑浑沌沌,谁个能够弄清?

有什么在回旋浮动,如何可以分明?

无底的黑暗生出光明,这样为的何故?

阴阳二气,渗合而生,它们的来历又在何处?

穹窿的天盖共有九层,是谁动手经营?

这样一个工程,何等伟大,谁个是最初的工人?

历史背景

社会变革

康德的"星云假说"是在和传统的宇宙不变观念进行斗争中建立起来的，它的产生并不偶然，而是与康德那个时代的社会历史条件相适应必然出现的结果。18 世纪 50 年代，欧洲处在剧烈的社会变革时期。除了英国的资产阶级革命已经完成外，欧洲大陆的其他各国，正在酝酿着革命的风暴。这时的德国，无论在政治上和经济上都很落后，资本主义的发展异常缓慢，正在形成中的资产阶级的力量也极为软弱。但是，德国在当时，毕竟也是处在资产阶级革命的前夜了。在经济领域中，新的生产关系解放了长时期被封建桎梏所束缚了的生产力，应用机械的工业革命的高潮正在形成。

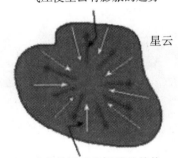

气压使星云有膨胀的趋势

星云

重力使星云有坍塌的趋势

▲ 星云

整个欧洲的这场变革在许多细微方面改变着人们的生活面貌，随之而来的阶级斗争风暴、政治上的变革和战争又打破了人们平静的日常生活，康德在欧洲这场动荡中感受着社会的变化和发展。而这发展变化的思想观念就成了康德冲破传统不变宇宙观的思想武器。

自然科学的发展

自 18 世纪 50 年代以来，自然科学的发展已为变化发展的地学思想开辟了道路，由此康德找到了表达变化发展思想的契合点。康德所生活的时代，正是哥白尼（Mikolaj Kopernik）学说获得胜利的时代。1716 年哈雷（Edmond Halley）提出了测量太阳视差的方法，1718 年又发现了恒星自行，1728 年英国的布拉德雷（James Bradley）发现了光行差，证明了地球的公转，1757 年教会取消了对哥白尼著作的禁令。这时太阳系结构的认识已大致完成，需要也有可能进一步研究天体的起源与演化问题。

1619年，"天空立法者"开普勒（Johannes Kepler）出版《论宇宙的谐和》一书，提出了著名的行星运动三定律，为哥白尼学说奠定了坚实的数学基础。"近代科学之父"伽利略（Galileo Galilei）用他亲手磨制的望远镜对准了天空，

▲ 开普勒

正像哥伦布（Cristoforo Colombo）发现新大陆一样，伽利略发现了新宇宙，以直接的无可辩驳的天文观察有力地验证了哥白尼学说。伟大的牛顿（Isaac Newton）以他的万有引力定律，把茫茫宇宙空间中天体的运动和地球上物体的运动统一起来了。牛顿不仅为哥白尼体系建立了稳固的物理学基础，而且描绘出了一幅完整的宇宙图景。按照这幅图景，宇宙间充满了由原子组成的各种天体，它们由于万有引力而相互联系在一起。恒星固定在某一位置上，行星、卫星、彗星沿着一定的轨道不停地循环运转。

随着制造望远镜技术的不断提高，人类的视野迅速地得到拓展，肉眼可视连成一片的银河在望远镜里被分解为密密麻麻的无数星星。18世纪上半叶，观测到几十个云雾状的天体，当时被人们称为"星云"。这一新发现对人们提出了一个新问题：这是一些新的、与恒星和行星不同质的天体呢，还是与恒星和行星有着某种成因上的联系的天体？早在17世纪中叶，法国大学者笛卡儿（Rene Descartes）就提出过一个猜想，认为宇宙在初始状态时，是一片混沌，物质微粒漫无秩序地运动；后来，在混沌中产生了物质的旋涡，逐渐形成太阳、恒星、行星和彗星。笛卡儿的假说含有宇宙发展的观点，但他缺乏科学观测上的确证。"星云"的发现又重新把这个旋涡说提到了人们的面前。

1750年,英国学者赖特(T. Wright)出版了《宇宙理论》,提出太阳和地球一样不在宇宙的中心,包括太阳在内的所有恒星都在轨道上运行。他还根据银河系的存在推论,这个恒星系统不是所有的方向上都对称,而是扁平的。银河是穿过这个扁平体系的长轴看到的群星的外观形象。赖特并提出,宇宙中有无数类似银河系的恒星系统,犹如在汪洋大海中有无数岛屿一样,他称之为"宇宙岛",这个概念在天文学上一直沿用至今。

与此同时,太阳系行星运动的许多共同特征也逐步被发现,如所有主要行星围绕太阳转动的方向都近似地处在一个平面上;所有主要行星围绕太阳转动的方向都相同,主要行星的自转方向都是逆时针的(有少数例外),太阳自转方向也是逆时针的;各行星之间的距离随着它们同太阳距离的增大而增大;各主要行星的密度随着同太阳距离的增大而减小,而质量却随着距离的增大而增大;卫星绕行星运动的情况同行星绕太阳运动的情况相像。这些共同的特点促使人们去揭示其产生的原因。18世纪中叶,天体起源的问题已经摆在科学家的面前。

就在康德星云假说问世前10年,法国博物学家布丰(G. L. L. Buffon)提出了一个天体起源的假说——灾变说。他受1680年大彗星的启发,提出曾有一颗巨大的彗星与太阳掠碰,撞出的物质形成行星和卫星。布丰还提出地球可能已存在长达7.5万年之久,地球上的生命可能在4万年以前开始出现。在基督教的欧洲,这是第一次超越"创世纪"所明确规定的6千年的极限,勇敢尝试探索地球寿命。布丰的天体演化假说虽然比较幼稚,但它立足于行星运动的共同规律,着眼于天体的质的转化,在科学上使太阳系的研究前进了一步,在哲学上则向僵化的形而上学自然观提出了挑战,因而在当时产生了相当大的影响。布丰也由此被誉为"灾变说"的鼻祖。

理性精神和科学态度

康德出身于德国哥尼斯堡的一个小手工业者家庭,父亲是皮匠,母亲是一个坚信笃行的虔诚派教徒,颇有学识。他年轻时就几乎熟悉了自然科学各

门学科的发展现状，成了一位学识渊博的科学家。康德 8 岁到 16 岁就读于腓特烈公学，成绩优异。他的拉丁文基础很好，喜欢读卢克莱修（Titus Lucretius Carus）的《物性论》。1740 年秋，他考进了哥尼斯堡大学，并与沃尔夫学派的克努村教授（Martin Knutzen）结下亲密友谊。在克努村影响和帮助下，康德从大学四年级起就开始独立地撰写物理学著作。整整用了 3 年时间，《论对活力的正确评价》完成了。在这部著作中首先映入眼帘的是塞涅卡（Lucius Annaeus Seneca）的名言："不要重蹈前人的覆辙，而是走你应该走的路。"这位星云假说的创立者表白："我已经给自己选定了道路，我将坚定不移。既然我已经踏上这条道路，那么任何东西都不应该妨碍我沿着这条道路走下去。"由此培养了康德崇尚理性的科学思想和执着追求真理的科学态度。《自然通史和天体论》即是他坚持理性精神和科学态度的结果。康德大胆地探索宇宙的结构及其力学起源，他非常清楚，进行这样的理论探索需要勇气。他选择的题材不仅内容很深，而且涉及宗教。一般人会认为这种研究远远超出了人类的理解能力，而宗教将对这样大胆行为加以斥责。"所有这些困难我都很清楚，但我并不胆怯；所有这些阻力之大我都感到，但我并不沮丧。我凭借小小的一点猜测，作了一次冒险的旅行，而且已经看到了新大陆的边缘。勇于探索的人将登上这个新大陆，并以用自己的名字来命名它为快"。

星云假说的提出

1755 年 3 月，普鲁士哥尼斯堡大学一位学生，确切地说是一位候补生（现在德国仍然把那些听完各门课程却没有正式完成高等教育的人叫作候补生）——伊曼努尔·康德匿名出版了一部科学史上的不朽著作：《自然通史和天体论，或根据牛顿原理试论宇宙的结构及其力学上的起源》（1972 年出版的中译本译为《宇宙发展史概论》）。《自然通史和天体论》所要研究的问题是："要在整个无穷无尽的范围内发现把宇宙各个巨大部分联系起来的系统性，要运用力学定律从大自然的原始状态中探索天体本身的形成及其运动的起源。"他所追求的目标是"联系起来的系统性"和"天体的形成及其运动的起源",这正是星云假说的基本思想。人类历史上关于太阳系起源和演化的第一个科学的假说——星云假说诞生了。

太阳系的演化

星云物质是一种炽热的、弥漫状态的物质。它们的密度很小,而种类互不相同,它们自身在永恒地旋转着。星云物质是宇宙的原始状态。宇宙是物质的,这是康德研究天体起源的立足点。所以,他以阿基米德(Archimedes)、笛卡儿式的豪壮口气

▲《宇宙发展史概论》封面

宣布:"给我物质,我将向你们指出,宇宙是怎样由此形成的。"这句话也就是星云假说的基本精神。他确实指出了我们的太阳系是怎样在简单的机械原因作用下在太初物质微粒的混沌中形成的。

康德根据上述思想,研究了天体起源问题。在探讨太阳系的起源问题时,康德把事实作为出发点。这些事实是:太阳系有六个行星,以相同方向,沿着椭圆形轨道运行;各行星运转的轨道基本上在一个共同平面上,而这个共同平面又离太阳的赤道不远;行星的运转都是由太阳的引力控制的,这些力的大小都同距离的平方成反比。为了解释这些事实,他把古代的原子概念同当时发现的星云状天体结合起来,提出了原始星云物质的概念,把它作为天体形成的原料。他认为,宇宙中的诸天体不是从来就有的,而是由原始星云长期演化而来的。他假定,在自然的原始状态,宇宙空间充满了分散的细小的物质微粒,这些微粒的密度各不相同,但都在不停地运动着。"密度较大而分散的一类微粒,凭借引力从它周围的一个天空区域里把密度较小的所有物质聚集起来;但它们自己又同所聚集的物质一起,聚集到密度更大的质点所在

的地方，而所有这一切又以同样方式聚集到质点密度更为巨大的地方，并如此一直继续下去"。这样就逐步凝成大的团块，成为引力中心。在微粒之间还有斥力，有些向引力中心运动的微粒，在斥力作用下会杂乱地从直线运动中向侧面偏转出去，使垂直的下落运动变成围绕引力中心的圆周运动，这种微粒在吸引周围微粒过程中不断成长。即在引力的作用下，分散的微粒逐渐形成小的聚集物，小的聚集物又逐渐形成大的团块。当大小不同的聚集物互相靠近时，在斥力的作用下，使得向引力中心下落的微粒偏转，形成围绕引力中心的圆周运动。处于引力中心位置的团块质量特别大，就形成太阳。

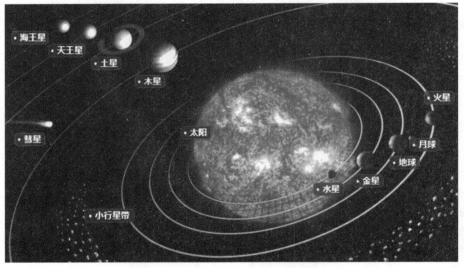

▲ 太阳系

太阳系的中心天体——太阳，就是个这样的引力中心，它吸引着周围的微粒，使自己"好像是一个无限微小的胚芽在迅速生长，它吸引的下落物越多，对周围物质的吸引力就越大，生长也越快"。与此同时，斥力又使得微粒作圆周运动。这样，团块就变成一个巨大的旋涡。在旋涡里，质点继续相互碰撞，结合在一起，一部分速度足够大的，继续作圆周运动；速度较小的，抵抗不了中心天体的引力，便降落下去。这个过程的结果，使得巨大的旋涡中的物质都集中到垂直于其转动轴的平面上，形成圆盘状的结构。

　　这个由质点组成的圆盘就是后来的太阳系,正在绕中心团块做圆周运动的同一区域的质点,是相对静止的,仍然会在引力作用下形成较小的团块,最后生成行星。同时又在斥力作用下开始了它自己的自转,生成较小的圆盘。这整个过程在小一号的规模上重复着,终于生成卫星系统。

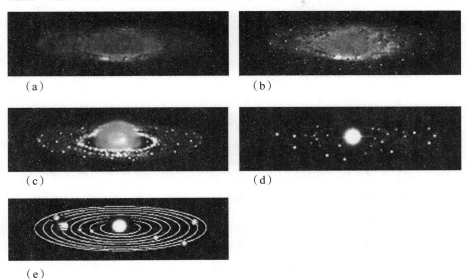

（a）　　　　　　　　　　　（b）

（c）　　　　　　　　　　　（d）

（e）

▲ 康德的星云假说示意图

　　在康德的眼中,自然界所有的具体事物,小到花虫,大到星系,在历史的舞台上都只扮演了一个暂时的角色。每个世界都有一个尽头,太阳系也是如此。靠近星系中心的世界将最先毁坏,然后毁灭逐步扩散到距离很远的地方,最后星系变成完全分散的微粒。而在宇宙的另一边,自然界则不停地忙于用分散的微粒作为原料,创造许多新的世界。物质自身有重新创造的能力。毁灭了的世界又必然能自行创造出来。"这个大自然的火凤凰之所以自焚,就是为了要从它的灰烬中恢复青春,得到重生"。

　　根据上面的假说,康德解释了太阳系天体所具有的某些特点。他指出,因为行星是由飘浮在高空并准确地循着圆周轨道运动的微粒所构成,因此,由微粒聚集而成的那些物体也会朝着同样的方向、以同样的速度继续做同样的运动。所以,行星运动的轨道大体上保持在同一平面上,且都按同一方向公转。他认为，太阳的引力把较重的质点吸引在自己周围，而较轻的质点就留在较远的地方，所以行星密度随着与太阳距离的增大则逐渐减小。他解释，行星的质量随着与太阳距离的增大而逐渐增加，是由于太阳巨大引力的影响，使得离太阳近的行星不可能形成得很大；同时，行星越往外，轨道的面积越大，能吸引的质点就越多。康德还解释了彗星的轨道形状及土星的光环等现象。

其他恒星系的演化

宇宙的初始状态是一片由多种物质微粒所组成的混沌不分的原始星云。物质微粒之间存在着两种作用力：引力和斥力。引力使一些物质微粒及其团块发生旋转。同时，由于太阳的位置最初基本上处在太阳系这一宇宙空间的中心，因此成为最强大的引力中心，使一些密度较小的星云物质迅速向这一中心凝聚，以致最后形成一个炽热并发光的天体。反之，由于斥力的作用，使其他星云物质产生另外的引力中心，一些密度较大的星云物质则凝聚在另外的引力中心，便依次形成行星、卫星和其他天体。康德的星云假说，有以下明显的特征：第一，宇宙的本源是一种原始的星云物质；第二，斥力与引力是天体起源和演化中的两种相互联系的基本的作用力；第三，天体起源与演化是一个逐渐发展的过程。

康德把原始星云形成太阳系的假说推广到其他恒星系，他把太阳系作为这个阶梯式宇宙的起点。他正确地推论，满天的恒星必然各是自己的行星系统的中心，而巨大的恒星系统——银河系，也是由于相同的力学规律形成的。他甚至推断银河系也有自己的中心，众多恒星正绕这个中心旋转。康德推测，类似仙女座大星云这样的雾状天体是我们银河系一级的恒星世界；类似的恒星系统可能一级比一级高，上升到无限层次，构成无限的宇宙。康德还预言，宇宙间天体正不断生成，又不断毁灭；千千万万个太阳不断地燃烧起来，又不断地熄灭，宇宙正处在生生不息的发展变化之中。

康德一再表明他所建构的体系是一个科学的假说。一方面，他反复强调它的科学性，他"试图只用力学规律来说明宇宙体系是怎样从它最原始的状态发展起来的"。他按照几何学的公理化方法进行演绎推理。"我十分谨慎地排除了一切任意的虚构。我在把宇宙追溯到最简单的混沌状态以后，没有用别的力，而只是用了引力和斥力这两种力来说明大自然的有秩序的发展。这两种力是同样确实、同样简单，而且也同样基本和普遍。两者都是从牛顿的哲学中借用来的。第一种力现在已经毫无疑义是一条自然规律。至于第二种力，……这是无人否认的事实。从这些简单的理由，我自然而然地得出了以下的体系"。另一方面，康德也明确地表示，他得出的体系是"一种假设"，是"可能的猜测"，"人们在这里所遇到的东西虽不是纯粹臆造的，但也不是无可怀疑的"。"决不能向这样一本论著要求极大的几何学的精密性和数学的准确性"。总之，"这个体系是建立在类比并符合可以置信的规则和正确的思考方式的基础之上的"。

康德的星云假说有着辩证法的内容，它在本质上是批判的，是革命的。它不但在自然科学中是革命的，同时它也反映了当时欧洲资产阶级革命的要求，是由康德所开始的资产阶级哲学革命的一个重要部分。恩格斯说："在法国发生政治革命的同时，德国发生了哲学革命。这个革命是由康德开始的。"

未被充分认可

康德的"星云假说"对自然科学发展的深远意义，就在于它"包含着一切继续进步的起点"，"如果立即沿着这个方向坚决地继续研究下去，那么自然科学现在就会进步得多"。

1755年，康德的《自然通史和天体论》发表后，在相当长的一段时间里，没有得到应有的重视，反动势力和传统习惯势力用沉默来对待它。在初版印数不多，销路不广，连那个出版商也宣告破产，这本书没法再版，于是就被埋没了。康德的新的宇宙发展理论也没有被人们一下子所接受。一直到了1796年，即差不多半个世纪以后，法国天文学家拉普拉斯的《宇宙系统论》出版了，提出了和康德相类似的星云假说，充实了它的内容，并作了更为详细的论证。

这样,康德的学说才又被人们记起,获得了新生,产生了广泛的影响。

星云假说的验证

康德的星云假说,经过后世天文学家的实证,其思想成为天体演化学的基本出发点,该假说不仅解释了太阳系的基本特征,而且还提出了后世得以证实的推论和猜测;由于时代的局限性,该假说也存在部分的错误和弱点。

基本思想的确证

由上文可知,康德星云假说的基本思想,是太阳系各个天体都是由宇宙空间中的弥漫物质——由气体和尘埃构成的原始星云——遵循力学规律形成的。康德的星云假说思想从当代所达到的科学认识水平来看,仍不失为一个有科学根据的设想。他强调的星际空间并不空,而是充满着弥漫物质,其中有的是巨大的气体云,有的是固体的物质微粒,它们通过一定方式凝聚为恒星和行星。这种"宇宙是物质"的立足点,至今仍然是天体演化学的基本出发点。

康德推断,太阳和行星系是在同一过程中生成的,这一论点至今也能找到科学根据。应用测定放射性元素半衰期的方法,今天我们能够确定地球年龄在 47 亿年左右。而太阳的估算存在时间也在 50 亿年左右。可见整个太阳系是在同一过程中生成的假设是可信的。

解释太阳系主要特征

星云假说比较圆满地解释了太阳系在结构上和动力学上的主要事实和某些特征。例如,行星和太阳的组成元素一致,太阳和行星的共面性和同向性,即太阳系的所有行星都按自西向东的同一方向公转,与太阳的自转方向相同,而且轨道基本上在一个平面上。这些都说明太阳和行星在成因上的联系。今天的天体演化学仍需要注意到行星系统的这些特征。

检验推论和猜测

　　对星云假说验证的另一方面工作是对康德根据假说所提出的推论和猜测的检验。康德从行星偏心率随距离而增加的规律推论出土星以外可能还有好多行星。康德的假说引起某些观测天文学家的注意，其中最著名的是赫舍尔（W. Herschel）。他以自制的巨型望远镜，系统地研究了恒星在空间的运动和分布。1781 年，他在土星之外发现了另一颗行星——天王星。19 世纪 40 年代，英国天文学家亚当斯（John Couch Adams）和法国天文学家勒威耶（Urbain Le Verrier）先后独立发现海王星。

▲ 赫舍尔

　　康德推测土星光环由微小的固体质点所组成，这一推断在一个世纪后的 1859 年为英国数学家麦克斯韦（James Clerk Maxwell）所证实，后来又为光度学光谱学所确认。康德根据基本的力学原理估计土星光环周期为"10 个小时左右"，赫舍尔（William Herschel）于 34 年后所作出的观测表明，这周期事实上约为 10 个半小时。根据同土星光环的类比，康德提出了黄道光是因为宇宙尘埃包围太阳并被太阳光照射而成的推论。这一说法今天仍部分地为人们所接受。

▲ 亚当斯

　　康德还讨论了天体的绕轴自转是否在任何条件下都会衰减或消灭的问题。他问道，是不是月球从前曾经有过比较快的绕轴旋转，后来由于地球对它产生的潮浪的延缓作用，它的自转减慢到了目前这种余留下来的微小而恰当的速度（同它绕地球公

▲ 勒威耶

转的速率完全一致）？他指出，地球的自转速率必定也受太阳和月球起潮力的作用而衰减。康德的这些推测后来得到了乔治·达尔文更为严格的有力证明。

特别是对当时已被观察到的极其遥远的"云雾状星体"，康德提出它是和我们银河系一样的恒星系统。这一卓越的推断于1924年由美国天文学家哈勃（E. P. Hubble）完全证实。哈勃用2.5米大口径的望远镜把较近的仙女座星云和别的几个大星云的外层分解为个别的恒星，从而创立了河外天文学。

存在的错误和弱点

星云假说在接受实践检验过程中也暴露了它的错误与难以克服的弱点。受时代的局限性，康德认为太阳的能源是由于物质落下而燃烧起来，甚至以为太阳熄灭后，由于行星的下落又会再度燃烧。这在今天看来，显然是错误的。形成太阳系的物质微粒不可能是冰冷而分散的。仅仅用引力和斥力解释环绕太阳运转的气体凝聚成行星，这是星云假说的严重弱点之一。计算指出，绕太阳做圆周运动的分散的物质微粒，它们间的微弱的引力无法使它们粘聚起来，最后甚至连尘环也不能保持，而必然要弥散于宇宙空间。

星云假说的另一个致命弱点，就是所谓太阳系角动量分布异常问题。角动量是一个物理量，它与相对于某中心运动的质点的矢径、质点的质量和质点的运动速度之乘积相关。一个质点系的角动量是组成这个系统的各质点的角动量之矢量和。假设太阳系是由同一个原始星云形成的，那么，根据角动量守恒原理就应该得出，质量很大的太阳所具有的角动量一定远远超过行星等所具有的角动量之和，也就是说，太阳的自转速度应远远超过27天转一周。然而，事实却表明，占太阳系总质量99.8%的太阳，其角动量不足总角动量的0.6%；而占总质量0.2%的行星等，却占总角动量的99.4%。这是一个该假说无法解释的问题。

星云假说的发展

拉普拉斯星云学说

1796年,康德星云假说问世41年后,法国科学家拉普拉斯(P. Laplace)发表《宇宙体系论》,独立地提出了关于太阳系起源的星云假说,拉普拉斯和康德的学说在基本论点上是一致的。

▲ 拉普拉斯

拉普拉斯提出,太阳系是由一个灼热的气体星云冷却收缩而成的。原始的灼热星云呈球状,直径比今天太阳系直径大得多,缓慢地自转着。后来,由于冷却而收缩,其自转速度逐渐变快,同时因赤道附近的离心力最大,星云逐渐变扁。一旦赤道边缘的离心力大于星云对它的吸引力,赤道边缘的气体物质便分离出来,形成一个旋转的气环,由于星云继续冷却收缩,上述过程重复发生,又形成另一个旋转的气环,最终形成了与行星数相等的气环(称为拉普拉斯环)。星云的中心部分最后形成太阳,各环在绕太阳旋转的过程中逐渐聚集形成行星。行星也同样发生上述作用,形成卫星。土星的光环可能就是由尚未聚集成卫星的许多质点构成的。

拉普拉斯假说同样能解释行星运行轨道的各项特点,以及组成太阳、行星和卫星的元素一致性,也能解释太阳系角动量的由来,但解释不了角动量分配的特点。另外,目前人们已探知宇宙中许多星云的温度并不高,收缩不是由于冷却,而是由于吸引力引起的;星云在收缩过程中,温度不是降低而是升高。

1854年赫尔姆霍茨(Hermann von Helmholtz)首先提出了康德—拉普拉斯天体演化说这一名称,但这并不意味着在它们中间就根本没有差别:它们中间是存在着许多差别的。例如拉普拉斯的星云假说是以行星赖以形成的"围绕一个坚固中心运转的雾团"为出发点,康德的假说则比拉普拉斯进一步,将这个作为原始物质的雾团从最基本的自然条件引申出来。还有,这两种假说在行星形成的看法中的差别也是非常大的:在拉普拉斯看来,原始的太阳星云变冷收缩了,因而它的运转速度增大,并在离心力作用之下,一些物质从太阳中分出来,于是就形成行星;按照康德的星云假说,大量的宇宙尘埃的质点集中在运转着的太阳赤道上,形成了扁平的星云,这些星云围绕它的中心点并向着同一方向运动起来,于是就产生了行星和环绕行星运动的卫星。就以彗星的起源来说,也存在着它们中间的不同点:康德提出彗星如行星一样,而且以相同的方式从雾团中产生,他将它的离心力从最遥远的距离中的微弱的吸引力中引申出来;拉普拉斯则认为彗星是一种从其他的世界空间闯进行星系的吸引力范围以内的客体。

这两种星云假说的差别,在反对它们的天文学新发现中更明显地表现出来,现代天文学对于它们的最大威胁之一,就是天王星和海王星的卫星的反转性。但是所提出的严重问题是针对着拉普拉斯的行星从圆环物质的收缩而构成的星云假说,而对于康德所提出的行星从围绕它的中心体而运转的物体中产生的假说则并不直接发生影响。

由于星云假说比较圆满地解释了太阳系的主要事实和特征,特别是它采用的牛顿力学是当时被推崇为唯一正确的理论,它所表现的演化思想符合这个时期总的科学思想潮流,因此在 19 世纪得到了广泛的承认。但是,如前所述,星云假说从它产生开始,就存在着一些具体问题不能科学地解释。康德一再谨慎地声明他的假说"不是无可怀疑的"。他特别提到:"在本文的几个特殊部分,我的把握较小,例如,关于偏心率关系的确定,行星质量的比较,彗星的各

▲ 麦克斯韦

种偏离以及其他等等。"

1859 年,年轻的麦克斯韦按照星云假说,从数学上对土星环进行了分析,证明不管从什么天体抛出一个气态的物质环,都只能凝缩成土星环那样的小粒子集合体,决不会形成一个固体行星或卫星。星云假说暴露出来的一些严重弱点,促使人们提出太阳系起源的新假说,但是新假说也有解决不了的矛盾,人们又重新研究和发展星云假说。

现代星云说

康德—拉普拉斯星云假说不能解释天文学和天文物理学在后来发展中所说明的关于太阳起源的许多特征,主要的原因当然是受了当时科学水平的限制,在那个时候,既没有能量守恒定律和能量转化定律,也没有热力学和统计物理学,关于量子物理学的许多事实以及关于这方面的许多知识,根本就没有被了解。因此,该假说中包含不少缺点和错误,也就在所难免了。

到了 20 世纪,一方面,随着现代天文学和物理学的发展,特别是恒星演化理论的日趋成熟,星云假说又焕发出了新的活力;另一方面,天文学观测手段实现了革命性的变革,1957 年第一颗人造卫星上天,1969 年人类登上月球,20 世纪七八十年代"水手号""金星号""先驱者号"海盗号""旅行者 1,2 号"对各大行星的近距观察,"乔托号"对哈雷彗星的穿越飞行等,积累了有关太阳系天体物理性质和化学组成的大量珍贵材料。恒星演化系统的理论与观察经过几十年的发展和完善,以无可辩驳的事实证明了恒星是星云形成的,与主张太阳系起源与演化的星云假说的基本思想是一致的。这说明太阳系的形成并不是一种偶然的现象,而是一种普遍的必然的结果。这个重大成果再一次有力地支持了星云假说。在这样的背景下,星云假说重放光彩,由此形成了现代星云假说。

20 世纪 60 年代,英国天文学家霍伊尔(Fred Hoyle)和法国天文学家沙兹曼(E. Schatzman)以最新科学发现为基础,开始拯救星云假说。他们认为,原始太阳系是温度不高、转动不快的一团凝缩的星云,随着收缩的加剧,转动速度加快,当收缩到一定的程度时,两极渐扁,赤道突出并抛出物质,逐渐形成一个圆盘。此后,中心体继续收缩,最后形成太阳。由于星际空间存在着很强的磁场,太阳的热核反应发出磁辐射,使周围的气体圆盘成为等离子体在磁场内转动,当太阳与圆盘脱离时,其相互间就发生了磁流体力学作用,而产生一种磁力矩,从而使太阳的角动量转移到圆盘上,并使圆盘向外扩展。由于太阳风的作用,轻物质远离太阳聚集成类木星,较重的物质便在太阳附近聚集成类地行星。霍伊尔和沙兹曼的努力使星云假说重新赢得了支持者。

▲ 太阳风

1972年,在法国尼斯城举行的国际太阳系讨论会上,从 20 多个现代星云假说中,选出了 5 个最具代表性的星云假说,为多数人所接受。它们是:①英国天文学家霍伊尔的星云说;②法国天文学家沙兹曼的星云说;③瑞典物理学家阿尔文(Hannes Olof Gösta Alfvén)的星云说;④美国天文学家卡米隆(A. G. W. Cameron)的星云说;⑤苏联天文学家萨弗隆诺夫(B. C. Сафронов)的星云说。

我国天文学家戴文赛研究了大量的观察事实。在分析国外 40 多种假说的基础上,博采众长,提出了具有创见的现代星云说。这里仅就角动量的特殊分布问题作一简单介绍。根据沙兹曼学说中的某些合理思想,戴文赛提出角动量特殊分布的主要原因是太阳在慢收缩阶段,像今天的金牛 T 星那样,抛射大量物质,通过"沙兹曼机制"损失了绝大部分角动量。从太阳中抛出大量物质,被太阳磁场发出的磁力线制约着,随着太阳以相同的角速度转动;随着距离的增大,抛出物质的角动量也随着增大,并以太阳角动量的减小为补偿;当距离超过某个临界值时,带电物质就不再被太阳的磁场拖着走,脱离太阳带走大量的角动量;这种损失角动量的物理机制称为"沙兹曼机制",由法国天文学家沙兹曼于 1962 年提出来的。但戴文赛对此作了补充修正。他认为在太阳大量抛射物质以前，星云盘中物质大多数已聚集成很大的星子，抛射物既不参与行星的形成也不能带走这些大星子的运动。另一方面，原始星云和星云盘都有足够大的角动量，使得行星具有今天大的角动量，不需要太阳把大量角动量转移给它们。因此，太阳损失的角动量是通过抛射物质被带到太阳系以外去了，只有很小的部分转移给了行星。

长久以来，研究太阳系起源和演化的一大困难是太阳系独一无二，无法重演它的演化史。然而这一状况近年有了转机。红外天文卫星发现织女星周围有尘埃环，某些恒星有小质量伴星，许多新形成的太阳型恒星周围有星云盘。这些新发现告诉我们，太阳系并不是"独生子"，它有着众多的"兄弟姐妹"，用比较方法进一步揭开太阳系起源和演化的奥秘，使假说成为科学理论的日子已经不远了。

现在，"现代星云说"已被科学界中越来越多的人所接受，然而它要真正从假说上升为科学理论，恐怕还有很长一段路要走，还有待更多的人去深入探索。

对星云假说的评价

恩格斯在《自然辩证法》中对于包含星云假说的《自然通史与天体理论》曾给以崇高的评价，宣称"在康德的发现中包含着一切继续进步的起点"。

康德星云假说的意义不在于它能否解释太阳系的全部力学特征，而在于它提出了一个重要的思想，即宇宙中的天体不是一成不变的，而是演化来的。这一思想在 18 世纪僵化的自然观上打开了第一个缺口，为后来的科学研究开辟了新的道路。《自然通史与天体理论》就是这个富于科学成果的发展观点的系统贯彻和进一步发展。这个假说是 18 世纪末叶和整个 19 世纪的宇宙起源论的一般理论基础。

康德的宇宙起源论——星云假说的创立，乃是德谟克里特（Demokritus）、

伊壁鸠鲁(Epicurus)和卢克莱修的唯物论世界观在近代科学中的新胜利。关于这一点,康德在《自然通史与天体理论》的序言中曾经说过:"我并不否认,卢克莱修或他的先辈伊壁鸠鲁和德谟克里特的宇宙构成论与我自己的有许多相似之点。"他还指出,"关于德谟克里特的原子学说的基本之点,在我自己的宇宙起源论中也能见到的。"

20世纪,关于太阳系的起源问题,曾出现过许多星云假说理论。越来越多的天文资料证明星云假说的基本观点是合理的。不过到目前为止,这些学说仍未超出科学假说的阶段。

第二章

爱因斯坦狭义相对论假说

> 你和一个漂亮的姑娘在公园长椅上坐一个小时，觉得只过了一分钟；
>
> 你紧挨着一个火炉坐一分钟，却觉得过了一个小时，这就是相对论。
>
> ——爱因斯坦

爱因斯坦（Albert Einstein，1879—1955），美籍德国犹太裔理论物理学家，相对论的创立者，现代物理学奠基人。1921年获诺贝尔物理学奖，1999年被美国《时代周刊》评选为"世纪伟人"。1905年9月，德国《物理学杂志》刊登了在瑞士联邦专利局工作、年仅26岁的爱因斯坦的《论动体的电动力学》。这是一篇用简明朴素的语言写成的文章，它既没有文献的引证，也没有援引权威著作，仅有的几个注脚也只是说明性的。然而，正是这篇不起眼的论文，建立了全新的质量、时间和空间概念，并向明显简单的同时性观念提出了挑战，宣告了狭义相对论假说的问世。当时，能够认识到这是物理学中具有划时代意义的历史文献的物理学家，只是凤毛麟角。但时过不久，这一假说几乎就成了物理学革命的同义语，震撼了整个科学界，并波及全社会。正如德布罗意的评价：它像"光彩夺目的火箭，在黑暗的夜空突然划出一道道短促的但又十分强烈的光辉，照亮了广阔的未知领域"。

2005年，纪念爱因斯坦相对论发表100周年而发行的邮票，正票为弯曲的时空使星光弯折，副票为爱因斯坦与妻子米列娃合影。

爱因斯坦的学习经历

1879年3月14日，爱因斯坦诞生于德国乌尔姆。他的父亲海尔曼·爱因斯坦具有数学天赋，在学生时代就引人注目；因为家庭缺钱他上不了大学，不得不弃学经商,是一个不大成功的电商。爱因斯坦的母亲保丽娜·爱因斯坦—科赫是富有粮商的女儿,具有很高的音乐才能。爱因斯坦恰是母亲音乐才能与父亲数学天赋的结晶。

爱因斯坦小学学习成绩相当优异,常常是全班第一名。在读大学前深受叔叔雅各布·爱因斯坦(1850—1912)和医科大学生塔耳穆德(Max Talmud,1869—1941)的影响。在其引导下,读了一系列自然科学和哲学书籍,例如伯恩斯坦(Bernstein)的多卷本《自然科学通俗读本》、毕希纳(Friedrich Karl Christian Ludwig Büchner)的《力与物质》、洪堡(Alexander von Humboldt)的名著《宇宙》、康德(Kant)的《纯粹理性批判》。

罗盘、几何书和光

当爱因斯坦还是一个四五岁的小孩时,遇到一件让他非常惊奇并由此产生强烈求知欲的事情。父亲给了他一个罗盘,指针总是在一个方向附近游动,根本不符合那些在无意识的概念世界中能找到位置的事物的本性。这在他那儿童的心灵中留下了不可磨灭的印象。爱因斯坦想,一定有什么东西深深地隐藏在事物后面。这件偶然的小事虽然发生在爱因斯坦从事科学活动以前,但对他后来的学术成就极为重要。

另一次给爱因斯坦留下深刻而持久印象的经历是在12岁那年,新学年开始,他拿到了一本欧几里得几何学课本。他从书中读到了论证得无可置疑的许多定理。比如,三角形的三条高相交于一点。它们本身并不是显而易见的,但是可以很可靠地加以证明,以致任何怀疑似乎都不可能。这种明晰性和可靠性给爱因斯坦造成了一种难以形容的印象。他产生了一种与指南针所带来的完全不同的惊奇。在同这本后来被他称为"神圣的几何学小书"打交道的过程中,激发了爱因斯坦那天赋的好奇心。这种心情驱使这位好学的少年等不及按部就班的课堂进度,自己就迫不及待地一口气学到最后一页。在他看来,几何学研究的对象,同那些看得见摸得着的感官知觉的对象似乎是同一类型的东西。

对总指向地磁场北极的罗盘指针的观察，加上同几何学打交道，一个是感觉经验，一个是概念体系，这两种经历给勤奋思考的爱因斯坦指明了思想发展的方向。同时，它又是这位未来的科学大师的主要工作方法。50 多年后，他写道："我一方面看到感觉经验的总和，另一方面又看到书中记载的概念和命题的总和。……概念和命题只有通过它们同感觉经验的联系才获得其'意义'和'内容'。后者同前者的联系纯粹是直觉的联系，并不具有逻辑的本性。科学'真理'同空洞幻想的区别就在于这种联系，即这种直觉的结合能够被保证的可靠程度，而不是别的什么。"

在伟大科学家的生涯中，人们发现：他们往往在年幼时由于偶然的机会接触到一部著作，从而对他们的命运产生了重大影响。爱因斯坦也不例外。他在晚年时追忆道，在中学年代他幸运地从一部卓越的通俗读物中知道了整个自然科学领域里的主要成果和方法。这部书是伯恩斯坦的《自然科学通俗读本》，共有五六卷，几乎完全是定性的描述。爱因斯坦聚精会神地读完了这部著作。伯恩斯坦的引人入胜的提问，引导读者去理解深奥费解的自然科学内容。他把光速放在读本第一卷的最前面，以此作为所有自然观察的开端。接着是有关地球重量（介绍称地球的实验）以及关于光和距离的章节。书中提出的问题，与爱因斯坦后来进行的理论物理研究有着血肉联系。爱因斯坦在这里第一次碰到了光速及其基本含义，这个问题从那时起就一直萦绕在他的脑际，连续不断地激励着他、引导他走向科学革命的前沿，走向创建狭义相对论假说的道路。

的确，根据爱因斯坦自述，"同狭义相对论有关的第一个朴素的理想实验"就是与光和光速密切相关的"追光悖论"。那是他 1895 年在瑞士阿劳上中学时无意中想到的。16 岁的爱因斯坦在乘马车去阿劳的途中，忽然出现了一个奇怪的念头：如果我以真空中的光速追随一条光线运动，那么我就应当看到，这样一条光线就好像一个在空间里振荡而停滞不前的电磁场。可是，无论是依据经验，还是按照麦克斯韦方程，看来都不会有这样的事情。但是，根据经典物理学的运动相对性原理，这个结果却是肯定的。就像我们坐在一辆以固定的速度行驶在一条平直的路上的汽车中,观察另一辆以相同的速度在同一方向上行驶的汽车,将会觉得另一辆汽车不动似的。那么,问题出在什么地方?是实验事实不对呢,还是传统物理学有毛病?这个问题一直折磨着年轻的爱因斯坦,他反复地思索着,极力寻找问题的解答。

▲ 爱因斯坦在弹钢琴

注:爱因斯坦具有很高的音乐天赋,有人说爱因斯坦如果没有成一名物理学家,就会成为一名音乐家。

物理学大家专著研读和科学、哲学读书活动

1896 年,爱因斯坦作为数学和物理学的学生进入苏黎世工业大学。对课堂听课没有多大兴趣,他迷恋于同直接经验接触,大部分时间在实验室里度过,其余时间在家里阅读,以“虔诚的狂热”拜读了诸如基尔霍夫(Kirchhoff,1824—1887)、亥姆霍兹(Helmholtz,1821—1894)、赫兹(Hertz,1857—1894)、弗普耳(August Otto Föppl,1854—1924)、洛伦兹(Lorentz,1853—1928)、玻耳兹曼(Boltzmann,1844—1906)、麦克斯韦等人的主要著作,逐渐了解当时物理学前沿的一些重要理论问题。爱因斯坦晚年回忆说:“在我的学生时代,最使我着迷的课题是麦克斯韦理论。这理论从超距作用过渡到以场作为基本变

数,而使它成为革命的理论。"

后来,经挚友贝索的介绍,他开始注意和阅读马赫(E. Mach,1838—1916)的《力学及其发展的批判历史概论》。

大学毕业后,爱因斯坦和哲学大学生索洛文(Maurice Solovine,1875—1958)、数学大学生哈比希特(Conrad Habicht,1876—1958),在 1902 年至 1905 年间组织"奥林匹亚科学院"的读书活动,三人一起阅读科学和哲学书籍,进行深入的讨论。这项活动对爱因斯坦早期的科学创造起了重要的启迪和推动作用。

▲ 索洛文、哈比希特和爱因斯坦

19 世纪末的物理学状况

迈克耳孙—莫雷实验

从 19 世纪初光的波动说复活以来,物理学家一直对传光媒质以太争论不休,其中一个重要问题就是以太和可称量物质(特别是地球)的关系问题。

当时,有两种针锋相对的观点。菲涅耳在 1818 年认为,地球是由极为多孔的物质组成的,以太在其中运动几乎不受什么阻碍。地球表面的空气由于其折射率近似于 1,因而不能或者只能极其微弱地曳引以太,可以把地球表面的以太看作是静止的。斯托克斯认为菲涅耳的理论建立在一切物体对以太都是透明的基础之上，因而是不能容许的。他于1845年提出，在地球表面，以太与地球有相同的速度，即地球完全曳引以太。只有在离开地球表面某一高度的地方，才可以认为以太是静止的。由于菲涅耳的静止以太说能圆满地解释光行差现象（由于地球公转，恒星的表观位置在一年内会发生变化），因而人们普遍赞同它。

假使静止以太说是正确的，那么由于地球公转速度是每秒30千米，在地球表面理应存在"以太风"。多年来，人们做了一系列的光学和电学实验（即所谓的"以太漂移"实验），企图度量地球通过以太的相对运动。但是，由于实验精度的限制，只能度量地球公转速度和光速之比的一阶量，这些一阶实验一律给出否定的结果。

随着麦克斯韦电磁理论的发展，人们了解到，与地球公转速度和光速之比的平方有关的效应，应该能在光学和电学实验中检测到。因为麦克斯韦理论隐含着光、电现象有一个优越的参照系，这就是以太在其中静止的参照系，以太漂移的二阶效应理应存在。但是这个实验精度要求太高，一时还难以实现。

其实，麦克斯韦早在1867年就指出，在地球上做测量光速的实验时，因为光在同一路径往返，地球运动对以太的影响仅仅表现在二阶效应上。1879年，麦克斯韦在致美国航海历书事务所的信中就提出了度量太阳系相对以太运动速度的计划，当时在事务所工作的迈克耳孙采纳了这一建议。

1881年，迈克耳孙正在德国柏林亥姆霍兹手下求学。由于在柏林无法完成实验，迈克耳孙把别人为他建造的整个装置运到波茨坦天体物理观测站进行实验。他所期望的位移是干涉条纹的0.1，但实际测得的位移仅仅是0.004~0.005，这只不过相当于实验的误差而已。

显然，否定结果（也称"零结果"）表明，企图

▲ 迈克耳孙

检测的以太流是不存在的。迈克耳孙面对事实不得不认为："静止以太的假设被证明是不正确的,并且可以得到一个必然的结论:该假设是错误的","这个结论与迄今被普遍接受的光行差现象的解释直接矛盾","它不能不与斯托克斯 1846 年在《哲学杂志》发表的论文附加摘要相一致"。

不过,这次实验的精度还不够高,数据计算也有错误。1881 年冬,巴黎的波蒂埃指出了计算中的错误(估计的效果比实际大了两倍),洛伦兹在 1884 年也指出了这些问题。因此,无论迈克耳孙还是其他人,都没有把这次实验看作是决定性的。迈克耳孙本人此后也将兴趣转移到了精密测定光速值上,对 1881 年的实验进行改良的工作就这样搁置下去了。

1884 年秋,威廉·汤姆孙访问美国,他在巴尔的摩作了多次讲演。到会听讲的迈克耳孙有机会见到了与汤姆孙一起访美的瑞利勋爵,他们就 1881 年的实验交换了意见。与此同时,瑞利也转达了洛伦兹的意见。瑞利的劝告给迈克耳孙以极大的勇气,他进一步改进了干涉仪,和著名的化学教授莫雷一起,于 1887 年 7 月在克利夫兰重新进行了实验,此时的迈克耳孙已是克利夫兰城凯思应用科学院的教授了。

为了维持稳定,减小振动的影响,迈克耳孙和莫雷把干涉仪安装在很重的石板上,并使石板悬浮在水银液面上,可以平稳地绕中心支轴转动。为了

▲ 莫　雷

尽可能增大光路,尽管干涉仪的臂长已达 11 米,他们还是在石板上安装了多个反射镜,使钠光束来回往返 8 次。根据计算,这时干涉条纹的移动量应为 0.37,但实测值还不到 0.01。

迈克耳孙和莫雷认为,如果地球和以太之间有相对运动,那么相对速度可能小于地球公转速度的 1/60,肯定小于 1/40。他们在实验报告中说:"似乎有理由确信,即使在地球和以太之间存在着相对运动,它必定是很小的,小到足以完全驳倒菲涅耳的光行差解释。"

1887年实验的否定结果让当时的每一个人都迷惑不解，而且在很长一段时间内依然如故。人们并没有认为该实验是判决性的，就连迈克耳孙自己也对结果大失所望。他称自己的实验是一次"失败"，以致放弃了在实验报告中许下的诺言(每五天进行六小时测量，连续重复三个月，以便消除所有的不确定性)，不愿再进行长期的观察，而把干涉仪用于其他实验去了。

迈克耳孙并不认为自己的实验结果有什么重要意义，他觉得实验之所以有意义，是因为设计了一个灵敏的干涉仪，并以此自我安慰。直到晚年，他还亲自对爱因斯坦说，自己的实验引起了相对论这样一个"怪物"，他实在是有点懊悔的。

洛伦兹对迈克耳孙实验的结果也感到郁郁不乐，他在1892年写给瑞利的信中说："我现在不知道怎样才能摆脱这个矛盾，不过我仍然相信，如果我们不得不抛弃菲涅耳的理论，……我们就根本不会有一个合适的理论了。"洛伦兹对1887年的实验结果依然疑虑重重："在迈克耳孙先生的实验中，迄今还会有一些仍被看漏的地方吗？"

瑞利在1892年的一篇论文中认为："地球表面的以太是绝对的静止呢，还是相对的静止呢？"这个问题依然悬而未决。他觉得迈克耳孙得到的否定结果是"一个真正令人扫兴的事情"，并敦促迈克耳孙再做一次实验。威廉·汤姆孙直到本世纪开头还不甘心实验的否定结果。

顺便说说，迈克耳孙的实验工作和爱因斯坦的相对论在历史上并无什么直接联系。但是在1900年前后，他的"以太漂移"实验对洛伦兹等人的电子论却产生了毋庸置疑的影响。尽管学术界对该实验的历史作用仍有不同的看法，但迈克耳孙本人晚年仍念念不忘"可爱的以太"。直到1927年，他在自己最后一本书中谈到相对论已被人们承认时，仍然对新理论疑虑重重。

迈克耳孙—莫雷实验似乎排除了菲涅耳的静止以太说，而静止以太说不仅为电磁理论所要求，而且也受到光行差现象和斐索实验的支持。为了摆脱这个恼人的困境，菲兹杰拉德(George FitzGerald)和洛伦兹分别在1889年和1892年各自独立地提出了所谓的"收缩假设"。他们认为，由于干涉仪的管在

运动方向上缩短了亿分之一倍的线度,这样便补偿了地球通过静止以太时所引起的干涉条纹的位移,从而得到了否定的结果。洛伦兹基于电子论进而认为,这种收缩是真实的动力学效应,对于物质来说具有普遍意义。拉摩也十分赞同这一看法,他证明如果物质由电子组成,这种情况便能够发生。

马赫对经典物理学的批判

经典物理学的绝对时空

牛顿把时间和空间看成是脱离物质运动而独立存在的框架。他说:"绝对的空间,就其本质而言,是与外界任何事物无关而永远是相同的和不动的。""绝对的、真正的和数学的时间自身在流逝着,而且由于其本性而在均匀地、与任何其他外界事物无关地流逝着。"经典力学是以力学相对性原理和惯性定律为基础的。在力学中,相对性原理要求力学定律在一切惯性系中保持不变。满足这个要求的坐标变换是伽利略变换。在伽利略变换中,空间和时间坐标彼此独立,并且与物质运动无关,长度、时间和同时性都有绝对的意义。伽利略变换体现了牛顿的绝对时空观念。因此,在经典力学中相对性原理、伽利略变换和绝对时空观念是相互联系、协调一致的。

为了证明以绝对空间为背景的绝对运动的存在,牛顿曾提出一个著名的水桶实验:设有一桶水,把它吊在一根长绳上,让它做旋转运动。最初桶壁与水之间有相对运动,桶壁旋转而水不运动,水面是平的;而后桶壁逐渐把它的运动传递给水,使桶壁与水间的相对运动消失,水与桶壁一起旋转,水面呈凹型曲面。由此看来,水面所呈形状与水桶的运动情况无关,而是由于水转动或静止状态与某一第三物体有关。牛顿认为,这第三物体就是绝对空间。根据水平的平、凹状况,就可判断水对绝对空间是绝对静止还是绝对运动。

对经典物理学的冲击

19世纪末,由于X射线(1895)、放射性(1896)、电子(1897)等相继发现,迈克耳孙和莫雷的"以太漂移"实验,驳斥了经典物理的"无重的"媒质"以太"的存在,使得支撑经典物理学大厦的根基遭到了冲击和挑战。一系列基本思想、概念和原理的绝对正确性、无条件的普适性受到了怀疑和重新审视。一向被看作天经地义、万古不易的物质不变性、能量守恒性、原子的不可分割性和不变性、运动(能量)的连续性以及空间与时间的绝对性等,都产生了动摇。所以,不少科学家处于彷徨境地,致使有人认为物理学上空出现了朵朵乌云,甚至有人认为物理学理论的真理性出现了"危机",真有所谓"山雨欲来风满楼"之势。

实际上,麦克斯韦、赫兹这样的科学家,也早在19世纪中叶就开始动摇了以经典力学作为一切物理学思想的最终基础这一信念。早在19世纪中叶,麦克斯韦在对分子运动的研究中,已发现经典物理学的能量均分定理与实验事实不符。根据能量均分定理,气体分子每一个自由度的平均动能都等于$1/(2kT)$,运用这个定理可以从理论上计算物质的内能和比热,但麦克斯韦发现理论与实验结果相矛盾。1860年他在一篇论文中公布了这一内在矛盾,发起了对经典物理学的冲击。

对经典物理学的批判

马赫是向经典物理学提出挑战的第一人。马赫用相对论性的思考方法对绝对时空观作了分析,他在1883年出版的名著《力学史评》里指出,世上一切事物都是相互联系、相互依赖的,与任何变化无关的"绝对时间"既然不可能由任何运动来量度,因而也就没有任何实际价值和科学价值,不过是一个无用的形而上学的概念。

马赫认为,牛顿的水桶实验只是告诉我们:水对桶壁的相对转动并不引起显著的离心力,而这离心力是由水对地球的质量和其他天体的相对转动所引起的。马赫十分机智地指出,如果桶壁越来越重,越来越厚,最后达到几千米厚时,那就没有人能说这实验能得出什么样的结果了。这就是说,桶中的水所表现出的惯性力是水对遥远天体系统的相对转动引起的,只能看作是相对运动的标志。马赫由此得出结论:一切运动都是相对的,同"绝对空间"相联系的惯性系、惯性质量、惯性力等都是无数遥远天体对一个物体作用的结果。

马赫认为,能被确定的只有相对位置和相对运动,它们才是物理实在。在水桶实验中,水对桶壁的相对转动并不能引起它的表面凹下的现象。这种凹面现象只可能是由于水相对于地球以及无数遥远的天体所作的相对运动而引起的。一个静止在旋转着的凹面上的观察者,将看到无数天体在绕着它旋转,正是这一拥有巨大质量的天体系统绕着水的旋转引起了水面变凹的现象。马赫指出,这种作用是引力作用,一个物体在加速时所表现出的惯性以及在加速坐标系中所感觉到的惯性力,并非由于加速度的绝对性,而是由于物体抗拒它相对于宇宙中其他物体产生的加速度引起的。因此,惯性系由宇宙中的质量分布所决定的;惯性力在本质上是一种引力。马赫巧妙地设想了壁厚几千米的水桶,对牛顿的转动水桶实验提出了反驳。诚然,人们永远不会去制造出壁厚几千米的水桶,但这并不妨碍反驳的明确性:水的转动不是在绝对空间中转动,而是相对于宇宙中的物质在旋转。"一切运动都是相对的"。马赫的巧妙构思以明确、直观的形式促使人们摆脱了绝对空间和绝对运动概念的束缚。

在批判牛顿的教条时,马赫所遵循的基本原则是,在自然科学中不能被感知的表象是没有意义的,也是没有根据的。要求只有观察到的量,才应纳入自然科学的研究之中;要求物理学的基本原理不能乱用。马赫的批判哺育了爱因斯坦,为他探索狭义相对论假说提供了思想武器。爱因斯坦在1946年的《自述》中写道:"是恩斯特·马赫,他的《力学史》中冲击了这种教条式的信念;当我是一个学生的时候,这本书正是在这一方面给了我深刻的影响。"

爱因斯坦认为,马赫的真正伟大就在于他的坚不可摧的怀疑态度和独立性。马赫击中要害的批判是他对牛顿力学绝对时空观念、绝对运动观念和惯性观念的批判。这些批判深刻地暴露了经典物理学理论体系的内在矛盾。

因此,根据爱因斯坦关于理论评价的基本观点,无论是从"外部的证实"即理论不应当同经验事实相矛盾,还是从"内在的完备"即逻辑的简单性来看,经典物理学作为绝对真理的迷梦已经打破,科学革命的序幕已被揭开。爱因斯坦为牛顿力学发布了"讣告":"牛顿啊,请原谅我;你所发现的道路,在你那个时代,是一位具有最高思维能力和创造力的人所能发现的唯一的道路。你所创造的概念,甚至今天仍然指导着我们的物理学思想,虽然我们现在知道,如果要更深入地理解各种联系,那就必须用另外一些离直接经验领域较远的概念来代替这些概念。"

狭义相对论的先驱:洛伦兹和彭加勒

为了解释迈克耳孙—莫雷实验,洛伦兹于 1892 年 11 月在荷兰阿姆斯特丹科学院提出收缩假说。他在解释了迈克耳孙实验的否定结果时认为:"初看起来,这个假设似乎不可思议,但我们不能不承认,这决不是牵强附会的,只要我们假定分子力也像电力和磁力那样通过以太而传递(至于电力和磁力,现在可以明确地作这样的断言),平移很可能影响两个分子或两个原子之间的作用,其方式有点类似于荷电粒子之间的吸引与排斥。既然固体的形状和大小最终取决于分子作用的强度,因此物体大小的变化也就会存在。"

在提出收缩假说后,洛伦兹进一步探讨了以太和地球相对运动对其他电磁现象和光现象的影响问题。1895 年,他发表了《运动物体中电磁现象和光现象的理论研究》。在这篇论文中,他不仅进行了个别的讨论,而且证明了普遍保证一阶效应不能显示出来的状态对应定理:"设在静止参照系中存在着以 x, y, z, t 为变数表示的电磁状态,那么在具有同样物理构造并以 v 运动的参照系中,以相对坐标 x', y', z' 和当地时间 t' 为独立变数的同样的函数所表示的电磁状态也必定存在。"现在看来,这个定理在一次近似下表示了洛伦兹协变性。可是,洛伦兹当时并无此意,当地时间只不过是为了数学上的方便而引入的辅助变数而已。1895年的理论仅仅是完成了一次近似,用它还不能说明迈克耳孙实验。用收缩假说虽然可使矛盾得以解决,但是该假说和他的理论体系并没有本质

▲ 洛伦兹

的联系。因此，洛伦兹努力提高对应态定理适用范围的阶数，企图使它成为一个严密的定理。彭加勒的中肯批评和后来的两个实验加快了洛伦兹的工作进程。

1900年，彭加勒在巴黎召开的国际物理学会议上作了《实验物理学和数学物理学的关系》的讲演。在这篇讲演中，他特别谈到，洛伦兹理论是现存理论中最让人感到满意的理论，但是也有修正的必要。他认为，假使为了解释迈克耳孙实验的否定结果，需要引入新的假说，那么每当出现新的实验事实时，也同样有这种需要。毫无疑问，对于每一个新的实验结果创立一种特殊假说，这种作法是不自然的。假使能够利用某些基本假定，并且不用忽略这种数量级或那种数量级的量，来证明许多电磁作用都完全与系统的运动无关，那就更好了。其实，彭加勒在1899年的一次讲话中就谈到这种看法。

彭加勒的批评给洛伦兹指出了努力的方向，但促使他最后下决心改善先前理论的是瑞利、布雷斯以及特劳顿和诺布耳的实验。

按照洛伦兹的收缩假说，假使物体在运动方向缩短，那么它的密度就会因方向而异，这样一来，透明体理应显示出双折射现象。瑞利在1902年做了实验，并未发现预期的现象。布雷斯在1904年重复了这个实验，依然得到否定的结果。按照同样的假说，如果使电容器的极板与地球运动方向成一角度，那么当给电容器充电时，应该存在使电容器极板转向地球运动方向的力偶作用。可是在1903年，特劳顿和诺布耳把电容器固定在灵敏的扭秤上，这种扭秤的灵敏度足以测出该数量级的力偶矩，然而他们在实验中却没有观察到任何效应。

洛伦兹面对事实，抱定彻底解决而不是近似解决所有问题的决心，经过重新努力，终于在1904年5月完成了题为《速度小于光速系统中的电磁现象》的论文。洛伦兹1904年的理论是以麦克斯韦方程和作用在电荷上的力（后来称为洛伦兹力）的表达式为基础的，其中麦克斯韦方程在相对于以太固定的参照系(x, y, z)中是成立的。他的目的是研究以匀速沿x轴方向运动的物理系统中所发生的电磁现象，以阐明该现象显示不出任何运动效应。他发现，利用原先的方程和表达式在相对以太运动的参照系中处理问题是极为复杂的,为了避免不必要的麻烦,他引入了新的变数——相对坐标和当地时间。在定义了新的电位移矢量和磁场强度矢量后,他又假定了电荷密度和速度之间的变换式。他把新变数代入原方程之中,得到了带撇变数的新方程,它与原方程具有几乎相同的形式。

就这样,洛伦兹在没有忽略所有各阶项的情况下得到了对应态定理。尽管洛伦兹事先声称,他的这篇论文是以"基本假定"而不是以"特殊假说"为基础的,但为了达到他的既定目标,还是采用了 11 个特殊假说。洛伦兹从他科学生涯一开始,就着手计划把菲涅耳关于以太和物质相互作用的思想与麦克斯韦电磁场理论以及韦伯、克劳修斯电的原子观点统一起来。1904 年的理论就是这一目标的最终实现。尽管洛伦兹企图在经典理论的框架内解决新实验事实和旧理论的矛盾,可是某些结论却超出了这个框架(例如粒子质量随速度而变化,粒子在以太中运动的速度不能大于光速)。

彭加勒极为热情地接受了洛伦兹的理论,他从数学上给洛伦兹理论以更为简洁的形式。他把洛伦兹的坐标与时间变换式命名为洛伦兹变换,并论证当 $t=1$ 时,该变换形成一个群。彭加勒还推广了洛伦兹理论,导出电荷和电流密度的变换关系,他甚至(虽然是隐含着)使用了四维表达式。实际上,伏格特在 1887 年,拉摩于 1900 年已分别发现了类似的变换式,只是由于没有认识到它的重要意义,因而并未引起人们的注意。

彭加勒主要是一个数学家,而洛伦兹主要是一个理论物理学家。可是谈到对相对论发展的贡献,情况却恰好相反:洛伦兹提出了许多数学表达式,而彭加勒却提出了普遍原理。

1895 年,彭加勒在研究拉摩的电磁理论的论文中首次出现了相对性原理的提法。在那里他说,从各种经验事实得出的结论能够断言:"要证明物质的绝对运动,或者更确切地讲,要证明可称量物质相对于以太的运动

▲ 彭加勒

是不可能的。"

在 19 世纪末，运动物体电磁现象的研究取得了进展，因电气技术发展而提出的单极电机问题引起了物理学家的兴趣。所谓单极电机，就是使一个圆筒形的磁铁绕轴旋转，把转轴和筒壁用导线联结起来，回路就有电流流过（单极感应）。这时，感应电动势在回路的什么地方产生呢？磁铁旋转时，磁力线随之一起旋转呢，还是停留在一个固定的位置上呢？这个问题在 1900 年前后成为物理学家的中心议题之一，实际上相当于如何使包括有可动物体系统中的电磁现象理论化的问题，属于动体电动力学的内容。1900 年，科恩继续坚持赫兹在 1890 年《关于动体电动力学的基础方程式》一文中提出的观点（以太并不独立于物体运动，力线并非物质的特殊状态，它只是一种符号等等），尝试用动体电动力学来处理当时面临的实际问题。

科恩也把世界分为以太和电子，而不论及运动参照系中的现象是如何被看到的；他始终把物体当作宏观的、一成不变的东西来处理，论述物体运动时内部发生的电磁现象。科恩也引入了与洛伦兹相同的当地时间作独立变数，找到了可以变为与静止物体的麦克斯韦宏观方程形式严格相同的方程式，把它作为运动物体的方程式。用今天的眼光来看，其引人注目之处在于，他能根据近于协变性的想法导出方程式。尽管科恩当时并不清楚它的意义，但他导出的方程式能说明大多数实验事实，因而在那时还是有影响的。

洛伦兹本质上是一个善于对旧理论进行修补的巧匠，而不是建造新理论的建筑师。他缺少从根本上变革旧理论的气魄。爱因斯坦形象地把洛伦兹比喻成一个医生，在抢救一个濒临死亡的病人时虽然没有把人救活，但在抢救的过程中却发明了一些救人的方法。

法国数学家、物理学家彭加勒比洛伦兹更前进了一步。1904 年 9 月，彭加勒在美国圣路易斯国际技术和科学会议的讲演中，完整地提出了相对性原理。彭加勒的确已窥见相对论的一斑了。可惜他并不能把他的思想贯彻到底。当他得知德国的考夫曼在测定电子加速以后惯性质量变化的结果同他的预期不一样时，他对相对性原理逐渐产生了怀疑。创立新体系，变革时空观的使命历史地落到了爱因斯坦身上。这位默默无闻的瑞士伯尔尼专利局技术员正紧张地利用业余时间,在截然不同的思想路线中,奋力地寻找突破口,作出开创性的伟大假说。

狭义相对论假说的孕育

下面我们主要根据 1922 年 12 月爱因斯坦在日本京都大学所作的《我是怎样创立相对论的?》演讲叙述他建立狭义相对论的思考进程。

爱因斯坦第一次产生研究相对论的想法与运动物体光的性质问题有关。他说:"我最初想到这个问题时,我并不怀疑以太的存在,或者地球穿过以太的运动。"在 1900 年前后,爱因斯坦曾经独立地设计过类似迈克耳孙的实验,虽然没有具体实施,但作为思想实验,他进行了非常深入的思考。因此,当他间接地知道了迈克耳孙实验的结果时,很快"我得出这样的结论,如果我们把迈克耳孙的零结果认为是事实的话,那么我们关于地球相对于以太的运动的想法是不正确的。这就是把我引导到狭义相对论的第一条思路。"

▲ 爱因斯坦的书桌

注:不同于其他物理学家堆满昂贵的实验器材的实验室,爱因斯坦进行理论研究时,所需要的只有纸和笔。

1920年5月，爱因斯坦在荷兰莱顿大学的演讲中指出："最明显的一条路似乎是认为并没有以太这样的东西。"这表明，爱因斯坦当年正以深邃的目光从物理学的背景知识转换的高度去探究零结果。不像经典物理学家们仅仅试图通过对迈克耳孙实验的"新解释"来变换传统的要领达到消除这块"乌云"的目的。零结果从经典物理学的立场来看具有某种相背或相离性，它没有任何肯定意义，而在科学背景演变的条件下，爱因斯坦由此形成了"相对性原理"的伟大猜想，并进而将它提升为公设。他指出："狭义相对论的普遍原理包含在这样一个假设里：物理定律对于（从一个惯性系转移到另一个任意选定的惯性系的）洛伦兹变换是不变的。这是对自然规律的一条限制性原理，它可以同不存在永动机这样一条作为热力学基础的限制性原理相比拟。"

这个公设所闪现的爱因斯坦的思想精华在于：一般人把迈克耳孙实验的"零结果"看作是失败，而爱因斯坦却认为，地球相对于光媒质运动的实验结果成功地说明了不仅用力学实验，就是光学和电磁学的实验也无法测知地球的绝对运动。从而把力学的相对性原理推广到整个物理学，成为一个普遍的原理。这就是爱因斯坦思想的过人之处。这个公设告诉我们区分绝对运动是多余的，经典力学关于绝对空间的假定也是人为的，没有绝对静止的以太。

经典力学的另一个与相对性原理相联系的是速度相加原理。如果说狭义相对性公设是爱因斯坦推广了伽利略的相对性原理而得到的话，那么，狭义相对论的第二个公设——光速不变公设，则是由于推广了速度相加原理的结果。这是爱因斯坦形成狭义相对论的第二条思路。

爱因斯坦在日本京都大学的演讲中，曾回忆道："我有幸读到1895年洛伦兹的专著，他讨论并在一级近似的范围内完全解决了电动力学的问题……那时我坚信麦克斯韦和洛伦兹的电动力学方程都是正确的，而且根据这些方程在运动体参考系中应当成立的假定，得出了光速不变性的概念，不过这一概念同力学中用的速度相加法则有矛盾。"

如何解决这一矛盾呢？爱因斯坦深知问题的难度。起初他试图修改洛伦兹的思想，结果花费了大约一年时间也没搞出个眉目。用英国宇宙学家邦迪的话说:"在当时很难看出,究竟是牛顿的相对性原理的普适性,还是时间的绝对性,更重要一些。"这句话把我们带到了爱因斯坦思想的核心:时间的本性是其症结所在。

在经历了艰难的思索、放弃了许多无效的尝试之后,爱因斯坦意外地从伯尔尼的朋友贝索那里受到启迪,醒悟到:"时间是可疑的!"也就是说,绝对的时间概念是应该被怀疑的。在一天起床时他突然想到,对于一个观察者来说是同时的两个事件,对别的观察者来说就不一定是同时的。

爱因斯坦对弗兰克说:"我曾问我自己,我发现相对论的特殊情况是什么呢? 是处于这样的情况,正常成年人是不会为时间伤脑筋的……相反我的智力发展比较晚,成年后还想弄清时间和空间问题,当然,这就比儿童想得深些。"爱因斯坦这一席话告诉我们,他就是从一般人已经认为不成问题的问题——时间和空间——的思考,进入高速运动物体的世界之中的。这一席话充分表明,作为一位科学家,爱因斯坦所具有的谦逊精神、深邃思想以及揭示事物本质的创造力。

1905年春,爱因斯坦由于正确地选择了绝对时空观的突破口,终于解决了光速不变和速度相加法则之间的矛盾。他说:"我的答案是对时间概念的分析。时间不可能绝对地有限,时间与信号传播速度之间有一个不可分割的关系。用了这个新概念,我第一次能完全解决所有的难题。"他晚年在"自述"中进一步从反面指出:"只要时间的绝对性或同时性的绝对性这条公理不知不觉地留在潜意识里,那么任何想要澄清这个悖论(即'追光'悖论)的尝试,都是注定要失败的。清楚地认识这条公理以及它的任意性,实际上就意味着问题的解决。"

这样,爱因斯坦就以他的独特的思维方式,把经典物理学原本相互矛盾的相对性原理和光速不变原理,按照洛伦兹变换使它们彼此相容。爱因斯坦以这两者为普遍性的假说,演绎出宏伟的新物理学体系。

狭义相对论假说体系的建立

爱因斯坦以他所特有的深邃目光揭示了现代科学与近代科学在思想方法上的重大区别。在创立科学的假说过程中，"适用于科学幼年时代的以归纳为主的方法，正在让位给探索性的演绎法"。如果说达尔文自然选择假说的形成是长期考察和思考的结果，所遵循的是一种"归纳主义"的话，那么，爱因斯坦建立狭义相对论假说运用的则是假说演绎方法，即运用直觉，提出普遍性假说，然后再演绎出整个体系。

他说："相对论是说明理论科学在现代发展的基本特征的一个良好的例子。初始的假说变得愈来愈抽象，离经验愈来愈远。另一方面，它更接近一切科学的伟大目标，即要从尽可能少的假说或者公理出发，通过逻辑的演绎，概括尽可能多的经验事实。同时，从公理引向经验事实或者可证实的结论的思路也就愈来愈长，愈来愈微妙。理论科学家在他探索理论时，就不得不愈来愈听从纯粹数学的、形式的考虑，因为实验家的物理经验不能把他提高到最抽象的领域中去。"

这正是爱因斯坦创立狭义相对论假说的生动写照。从 1905 年 6 月《论动体的电动力学》问世到 1911 年 6 月广义相对论文章《关于引力对光传播的影响》发表，仅仅 6 年时间，爱因斯坦就把他的两个普遍性假设推广到物理学的各个领域，构建了相对论物理学体系。其研究成果，反映在下列一些主要论文之中：《物体的惯性同它所含的能量有关吗？》（1905 年 9 月）、《关于布朗运动的理论》（1905 年 2 月）、《论光的产生和吸收》（1906 年 3 月）、《关于相对性原理和由此得出的结论》（1907）等。

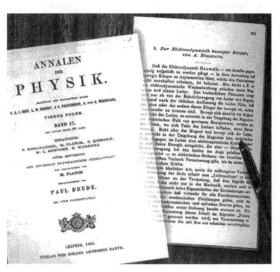

▲ 爱因斯坦发表的关于狭义相对论的第一篇论文：
1905年《物理学杂志》第四期封面及《论动体的电动力学》首页

　　首先,从两个公理出发,爱因斯坦轻易地导出了洛伦兹变换的基本公式,由此得出了计算物体在不同参照系中的相对速度的新公式。

　　根据伽利略变换和洛伦兹变换所得结果的比较：

　　显然,当 u 与 v 远远小于 c 时,则与经典速度合成公式相同。

　　而光的速度实际上就是一种自然速度极限。因为根据洛伦兹速度相加公式,当一物体的速度再额外增值而使其超越光速是不可能的。

　　爱因斯坦根据两个公理和洛伦兹变换得出了狭义相对论假说的一系列结论：

　　（1）同时性是相对的。在牛顿力学中同时性是绝对的,即若两个事件由某一观察者看来是同时的,则对于任何其他观测者也必定是同时的。相反,狭义相对论假说中没有这种绝对性。

　　（2）事物次序的相对性和绝对性。在牛顿力学中,事物发生的次序也是绝对的。两个事件 A 和 B,若由某个观测者看 A 在前 B 在后,则其他观测者必定也看到同样的时间顺序。按照狭义相对论假说,则顺序并不一定是绝对

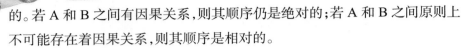

的。若 A 和 B 之间有因果关系,则其顺序仍是绝对的;若 A 和 B 之间原则上不可能存在着因果关系,则其顺序是相对的。

（3）时间延缓。从两个不同的惯性参考系看来,两个事件间的时间间隔不同。在与事件处于相对静止的坐标系中测得的时间间隔要比事件处于相对运动的坐标系中测得时间间隔要大,且运动速度越大,相差越大。

（4）长度缩短。在相对于一个尺子为静止的参考系中,尺子的长度最长,在相对于尺子运动的参考系中,尺子的长度要沿运动方向缩短。

（5）质能增长效应,即物体的质量随速度增大而变大。设 m_0 为某物的静止质量,当它以速度 v 运动时,其质量 m 大于 m_0：$m = m_0/\sqrt{1-v^2/c^2}$。

所以对于一个已接近光速的粒子来说,受到外力时,与其说是增加速度,不如说是增加质量。如果把质量看作是惯性阻力的话,也可以这样说;不可能借助于作用力而使物体以大于光速的速度运动。因为它的惯性阻力将阻挠物体达到光速,从而毫不勉强地解释了考夫曼的实验。（1901 年考夫曼利用从放射镭中放出β射线——电子流,所做的实验表明,不论给电子多大能量,其速度却趋向一个极限值。这种现象用经典力学理论是无法解释的。）

（6）质能相关。物质的质量 m 与其能量 E 之间有 $E = mc^2$ 的关系。当某物的质量发生 Δm 的变化时,必然要伴随着 ΔE 的能量变化,且 $\Delta E = \Delta mc^2$,反之亦然。这是狭义相对论假说中的一个最有名的推论。它的发现,使当时无法解释的放射性元素,特别是镭为什么能不断释放出如此强大能量的现象,以及太阳能的来源问题,都得到了自然的解决途径。它是随后发展起来的原子核物理学和粒子物理学的理论基础,并预示了原子能时代的到来。

爱因斯坦在 1948 年为《美国人民百科全书》所写的条目"相对性:狭义相对论的本质"中,对狭义相对论假说体系概念作了一个概括的说明:"狭义相对论导致了对空间和时间的物理要领的清楚理解,并且由此认识到运动着的量杆和时间的行为。它在原则上取消了绝对同时性概念,从而也取消了牛顿所理解的那个即时超距作用概念。它指出,在处理同光速相比不是小到可忽略的运动时,运动定律必须加以怎样的修改。它导致了麦克斯韦电磁场方程的形式上的澄清；特别是导致了对电场和磁场本质上的同一性的理解。它把动量守恒和能量守恒这两条定律统一成一条定律，并且指出了质量同能量的等效性。从形式的观点来看，狭义相对论的成就可以表征如下：它一般地指出了普适常数 c（光速）在自然规律中所起的作用，并且表明以时间作为一方，空间坐标作为另一方，两者进入自然规律的形式之间存在着密切的联系。"

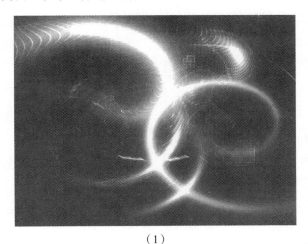

（1）

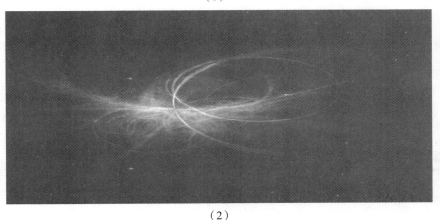

（2）

▲ （1）（2）是一组表现爱因斯坦相对论的艺术图片。其让人感到一种极具震撼力的美与和谐，但同时又感觉玄而又玄，从而蒙上了更加神秘的色彩。据传在爱因斯坦时代，真正读懂相对论的人不超过12个。

▼ 狭义相对论假说的验证

1905 年，爱因斯坦提出狭义相对论假说时，整个物理学界最初的反应是冷淡，没有反响，没有"冷酷的批评"，使爱因斯坦感到非常失望。

影响接受狭义相对论假说的困难是多方面的，其中，一个重要原因是存在实验上的障碍。在《论动体的电动力学》结尾，爱因斯坦推导出一个电子横向质量公式，它与考夫曼 1902 年、1903 年发表的实验结果有很大差异。1906 年，《物理学年鉴》刊登了考夫曼的论文。该文详细归纳了爱因斯坦的时空观，谈到了洛伦兹—爱因斯坦的电子理论。他总结说，他自己的测量结果与洛伦兹—爱因斯坦的"基本假设是不相容的"。洛伦兹因此写信给彭加勒，说他自己已经走上"末路"，他说，"不幸的是"，他的假说"与考夫曼的新实验矛盾"，他认为"不得不放弃它"。

但爱因斯坦对自己的假说仍深信不疑。他认为，实验数据与理论间"系统误差"的存在说明有"未被注意的误差源"；新的更精确的实验一定会证实相对论。他的信念得到了证实。1908 年布歇尔发表了新的实验结果，完全符合洛伦兹和爱因斯坦的预言。1910 年，胡普卡的实验对此再次予以确证。而决定性的结果是1914 年至 1916 年获得的。从那以后，各种表明假说正确性的论据不断出现，且极为丰富。

为了检验狭义相对论的基本

▲ 德国博斯坦大学内的爱因斯坦塔：
作为太阳系的观测台

假设和各种相对论效应,物理学家反复不断地采用各种新的实验技术和方法,进行了大量的观测验证。这些实验与观测为狭义相对论从假说上升为理论提供了丰富的实验证据。其中,可分为:光速不变实验,时间延缓实验,运动介质的电磁学实验,相对论力学实验即有关检验相对论质量公式和质能关系的实验以及光子静质量上限等。有些实验建议是爱因斯坦提供,而由实验科学家实现的。这充分表明了理论物理学家和实验物理学家共同合作的深远意义。一部科学史,既是理论的发展史,也是实验发展史。它们既具有相对独立性,但更是相辅相成、共同前进的辩证关系。

以时间延缓的实验验证为例。最早是 1906 年斯塔克等人用氢的极隧射线测量氢光谱的多普勒移动,但横向多普勒频移效应太小,测量还比较困难。1938 年艾夫斯(Herbert E. Ives)和史威(G. R. Stilwell)率先遵照爱因斯坦 1907 年提出的建议,用激发态氢原子辐射源做的极隧射线实验,首先测量了氢的极隧射线 H_β 光谱线的横向移动,计算值与观测值相符。人们普遍将艾夫斯-史威实验看作是验证狭义相对论假说时间延缓所预言的二阶多普勒频移的第一个高精度实验。1941 年他们重复上述实验,给出了相同的结论。

1941 年罗斯(Rossi)和霍尔(Hall)测量了宇宙射线 μ 介子的衰变速率与运动关系,这是首次观测宇宙射线的时间延缓效应。静止的 μ 子的寿命约为 2.2×10^{-5} 秒,这样,即使 μ 子以光速运动,它们在衰变以前走过的平均路程也只有 600 米左右。可是,宇宙线观测证明,宇宙线中的 μ 子很大一部分能从约 10~20 千米的高空大气层到达海平面,它们走过的距离远大于 600 米。这是由于高速运动的 μ 子的寿命延长了。当然我们也可以等价地用长度收缩效应来解释,即在约 10~20 千米高空产生的 μ 介子,对于与 μ 介子一起运动的观察者来说,其寿命仍是固有寿命,但是到海平面的距离缩短了。

1971 年,哈夫勒和开廷进行了一次模拟相对论的实验。他们将 4 只铯原子钟放在飞机上,飞机在赤道平面附近高速相对环球飞行一周后回到地面,然后将飞机上的钟与一直静止在地面的铯原子钟的读数进行比较,发现向东飞行时 4 只钟的读数比地球上的钟平均慢了 59×10^{-9} 秒;而向西飞行时平

均快了 273×10^{-9} 秒。在实验误差之内这些结果与理论预言值相符。关于质能关系的实验验证,爱因斯坦在《物理学的进化》中曾经指出:"$E = mc^2$ 这个具有普遍性的结论是相对论的一个重要的成就,而且与所有经过考验的论据都相符合。""要证明能不是没有重量,可以用许多可靠的、但是间接的方法来达成。"直接论据之所以缺乏,是因为物质与能相互转换的"兑换率"太小了。比如,能够把 3 万吨水变成蒸汽的热量称起来只有 1 克重。能之所以一直被认为是没有重量的,无非是因为它的质量太小了。

爱因斯坦的这一伟大发现,使人们再也不能从 19 世纪的意义上去理解质量守恒定律及能量守恒与转化定律。质量和能量已不再是单独存在的,存在的是质能统一体。20 世纪 50 年代美国第一艘核动力航空母舰下水时,水兵们曾在甲板上排成质能关系式的队形,以表示对这一伟大发现的纪念。

最早检验质能关系的实验是科克罗夫和沃尔顿在 1932 年完成的。他们用高能质子轰击锂核,反应产物是两个α粒子。从理论上计算,由反应前后静质量的改变得到相应的固有能量的改变量是 17.25MeV。根据实验得到反应后的动量的增加量是 16.95MeV。

▲ 1938 年爱因斯坦在一个朋友家中骑自行车

1939 年,史密斯又更精密地做了这一实验,测得这个反应所释放的能

量 $\Delta E_0 = 17.28 \pm 0.03$ MeV。这个数值与理论预言的改变量 $\Delta E_0 = 17.25$ MeV 相当符合,由此证明了质能关系式的正确性。

用其他核反应进行的类似实验测量已大量完成。根据 1963 年和 1964 年的实验结果,在误差之内,它证实质能关系式是正确的,精度达到 0.12%,到 1971 年,实验精度最高已达 35ppm。

聚变反应(热核反应)和裂变反应是另外两种典型的核反应。在这两种类型的核反应中都释放出大量的能量。原子弹、氢弹和原子能反应堆的制成为质能关系提供了有力的证据。正负电子对湮灭成光子的过程,是全部静质量都转变成了光子的动质量,全部固有能量都变成了电磁辐射能的一个典型例子。实验证明,在此过程中动量能量守恒。

引力红移也是能量守恒和质能关系的一种证据。当光子从一种引力势区域运动到另一种引力势区域时,引力红移就意味着光子能量的改变。由能量守恒和质能关系预言的引力红移与实验结果一致。

总的说来,狭义相对论假说有着坚实的实验基础。从它诞生至今,90 多年来,无论在微观,还是宏观的尺度上,已有的实验和观测都是与狭义相对论的结果相一致的。正如爱因斯坦所说:"理论所以能够成立,其根据就在于它同大量的单个观察关联着,而理论的'真理性'也正在此。"

那么,能否说狭义相对论已不再包含假说的成分,也不存在需要进一步探讨的问题了呢?显然并不如此。有不少人指出,对于狭义相对论的光速不变原理而言,实验证实的是在闭合回路上的平均光速在任何惯性系中不变,并没有证明单向光速的不变性。因此,通常所说的"光速不变原理已为实验所证实"是不确切的。我们只能说到目前为止,一直没有可靠的实验上的证据证伪这个原理。光速不变原理作为一个普遍性的假说,这一点爱因斯坦本人在建立狭义相对论时是很明确的。迄今为止,在实验中都是依靠光信号校钟的,这会把可能的光速方向性效应抵消掉。因而用这类实验检验光速不变性问题是不可能的。在没有找到新的更基本的校钟手段确证光速不变原理之前,该原理仍然包含着假说的成分。

　　至于狭义相对性原理，它是经典物理学中的伽利略相对性原理的推广。爱因斯坦本人认为，把牛顿理论看作一种非常好的近似乃是支持他的假说的主要论据之一。各种寻找以太漂移效应所给出的零结果、电磁学有关实验、惯性质量的空间各向同性实验的结果都被看作是相对性原理的很好的论据。但是，如果考虑到微观尺度和宇宙尺度上的新现象，狭义相对性原理的真理性就会受到严峻考验，对足够高能量的牡介子能谱所做的分析表明，在小于 5×10^{-17} 厘米的范围内狭义相对论有可能不正确。又如，对于 2.7K 的微波背景辐射，存在着一类各向同性的参考系，这类参考系处于优越的地位。并且 70 年代以来已经观测到地球相对于各向同性背景辐射的速度，其量级为每秒几百千米。有人认为，这表明在胀观尺度上相对性原理不再成立。

　　科学实验对假说的检验是一个过程。不断发展的新的科学实验必将继续对狭义相对论做出更严格的验证。不管最后的结论如何，有一点是明确的，这就是它的创始人确信他的理论是比牛顿理论更好的一种近似，同时又认为他自己的理论仅仅是朝一个更加普遍的理论前进的一步。爱因斯坦曾写道："任何物理理论的最好命运莫过于它能指出一条通往一个更广泛理论的道路，而在这个理论中，它作为一种极限继续存在下去。"

▲ 1951 年，爱因斯坦 72 岁生日时记者拍照

第四章

伽桑狄热质说

与其说我们有权防止犯错误，不如说我们有权不坚持谬误。

——伽桑狄

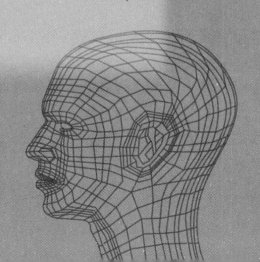

伽桑狄(Pierre Gassendi，1592—1655)法国科学家、数学家和哲学家。伽桑狄继承了古希腊机械唯物论的原子说，使伊壁鸠鲁主义复兴，以取代亚里士多德主义，他认为世界上的一切都是按一定次序结合起来的原子总和，世界是无限的。在代表作《哲学论文》中，他否定了笛卡儿的"天赋观念论"，强调归纳法，他肯定感觉是知识的唯一来源。伽桑狄反对中世纪的烦琐哲学和教会所提倡的禁欲主义，恢复和发展了古希腊哲学家伊壁鸠鲁（前341—前270)的快乐论，认为幸福(灵魂得安宁、肉体无痛苦)就是人生的目的，而善行和幸福是一致的。他的社会观点是"自然权利"，国家只是一种分工，是建立在社会契约的基础上的。

▲ 五行说

人类自从会用火以来，就开始思考"热是什么"这个问题。在古代，人们认为火是构成物质的基本元素之一，由此产生了"五行说""四根说"等。但是，古代人们对火或热的认识仅限于思考和直觉。到了十六七世纪，科学家通过实验证明火或热是一种可以流动的特殊物质，在此基础上提出了"热质说"。随着科学技术的发展，人们发现了许多热质说无法解释的现象。热质说受到了怀疑，热动说应运而生，但是热动说取代热质说的道路不是一帆风顺的，这个过程是如何发展的呢？这就是本章所要讲述的。

从火说起

在人类漫长的历史进程中，学会用火是一件大事。火不仅帮助远古的人类抵抗寒冷，防御野兽，同时也结束了人类茹毛饮血的时代，使他们得以享受味道鲜美的熟食，增强他们的体质，加快人类文明的推进。

无论是从春夏秋冬四季更替的气候变化，还是从用火的体验，人们都能够感受到冷热变化。由此，古代思想家或哲学家对"火是什么"或"热是什么"进行了不少直觉的思考，产生了著名的五行说、四根说等。他们把火作为构成物质的基本成分之一。在中国，大约在公元前11世纪产生的五行说，认为世界万物都是由金、木、水、火、土这五种基本元素组成的。公元前6世纪，古希腊哲学家赫拉克利特提出火是一切自然事物的普遍本原，他说："一切转为火，火又转为一切。"另一位古希腊哲学家恩培多克勒提出四根说，把火、气、土、水四个根作为世界的本原，四个根在数量上按不同比例进行混合，就造成了万物在性质和形态上的千差万别。

火（或热）究竟是什么，在古希腊的德谟克里特和伊壁鸠鲁以及古罗马的卢克莱修的著作中出现了"热是物质的"这种说法。而我国古代人的"元气论"把热看成是一种"气"，它的集中表现是燃为火，所以《淮南子天文训》有"积阳之热气生火"的说法，东汉王充《论衡寒温篇》解释冷热也说是"气之所加"。

这种朴素的思辨哲学，基于日常的生活体验，他们把火（或热）作为一种基本的物质组成，从某种程度上也加深了我们对周围自然界的认识。

热质说的提出

随着科学技术的发展和人类认识水平的提高，到了十六七世纪，在古希腊原子论思想基础上，科学家们已普遍认为热是一种可流动的特殊物质。法国哲学家和科学家伽桑狄最早将这一思想提炼总结为"热质说"；哈雷大学教授施塔尔（1660—1734）引入"燃素"，更加促进和巩固这一学说的发展。

英国著名化学家玻意耳曾把一块锡放在敞口烧瓶里加热，发现锡的重量增加了。他把锡封入密封容器中称重后再加热，待锡冷却后取出再称重，同样得出重量增加的结果。这样一来，玻意耳就设想，存在着某种"火粒子"，它十分微小，具有重量而且能贯穿一切物体。于是，玻意耳提出，热是钻在物体

细孔中的具有高度可塑性和贯穿性的物质粒子，它们没有重量，彼此之间有排斥性，而且弥漫于全宇宙。当时虽然还没有明确地给这种物质粒子命名为"热质"，但是把热看作是一种物质粒子的基本思想已经确立。

▲ 玻意耳

热质说确立

伽桑狄认为，和普通的物质一样，冷和热也是由特殊的"冷"原子和"热"原子所引起的。它们非常精细、十分活跃，能渗透到一切物体之中。伽桑狄的这一思想，实际上就是"热质说"，不过当时他还没有提出"热质"的概念。

施塔尔引入"燃素"以后，更加促进和巩固这一学说的发展。燃素说的主要内容是：火是由大量细小的微粒组合在一起形成的。这些微粒既可以与其他元素结合在一起形成化合物，也可以游离在空气中，就给人以热的感觉；如果聚集在一起，就会形成明亮炙热的火焰。这种微粒就叫燃素。物质中含的燃素越多，它燃烧起来就越猛烈。可燃物燃烧的过程，就是它向空气中释放燃素的过程。

燃素说把燃素定义为一种物质性的微粒，用以说明燃烧问题，比之其前形形色色的燃烧理论，燃素说更加合理可信，到了 18 世纪中叶，几乎得到了化学界的普遍认可，并进一步发展成为整个 18 世纪化学学科的中心学说。伴随着燃素说的认可，热质说也普遍受到了欢迎。

热质说对热传递的三种方式解释为：对流是含有热质的物质的流动；传导是由热质粒子间相互排斥，热质应从热的物体流向冷的物体，达到新的热平衡；热辐射是物质的直接辐射。另外，物体受热膨胀是热质粒子的排斥作用所致；关于物质的固、液、气三态，热质说认为这是取决于物质中含有热质粒子的多少：含有较多的热质粒子并呈自由状态，物质处于气态；当物质处于固态或液态时，物质所含的热质粒子较少。

既然热是一种物质，人们自然会联想到物质不灭定律，也得出热量守恒。认为热是一种实体，既不会创生，也不会消灭，可以从一个物体流向另一个物体，这也正是量热学的基础。由于量热学在一些特定条件下得到的实验结果与热质说预言相吻合，在一定程度上为热质说提供了实验的依据和支持。

热质说发展

对热质说的发展起到推动作用的重要人物包括布莱克和拉瓦锡。布莱克以热质说为理论基础，在量热学方面做出了重要贡献，其一区分了热量和温度两个概念；其二提出了"潜热"的概念。拉瓦锡将热质说明确化，将热质说发展推向高峰。

布莱克用实验证实了相同重量的两份不同温度的水相混合，混合后水的温度正好是它们温度的中间值；可是把相同重量的热水与冷的水银混合在一起，混合后的温度却不是它们温度的中间值，而是更接近于水的温度。为了解释这一现象，布莱克主张把热量和温度两个概念分开，一个是指"热质的量"，一个是指"热的强度或集度"。这就如同把物质的量（即质量）与物质的集度（即密度）分开一样。对不同的物质改变相同的温度，所需要的热量是不同的，这种不同就在于物质"对热的亲和性"或"接受热的能力"的不同。热学中的重要概念热容量和比热，就是在这一基础上建立的。

布莱克从实验中发现：冰在融解时需要吸收热量，而温度计的指示数值却不变，进而发现所有的物质在物态发生变化时都有这种效应。为了回答那些热量哪里去了的问题，他把热质的作用分为两类，一类是"自由热"，用以改变物体的温度;另一类是"潜热",不改变物体的温度却可以改变物态。"潜热"就是可以"隐藏的热",通过物态变化可以存放,也可以取出。

法国著名化学家拉瓦锡在1789年的《初等化学概论》一书中,把"热素"或"热质"和"光"一起列入无机界23种化学元素。他认为,存在着一种极易流动的物质实体充满分子之间的空间,这种实体具有扩大分子之间距离的作用。这种物质实体——热质,根据其状态分为两类:自由的热质和结合的热质。结合的热质被物体中的分子所束缚,形成其实质的一部分;自由热质没有处于任何结合状态,能够从一个物体转移到另一个物体,成为各种热现象的载体。热质是"没有重量不可称量"的流体。拉瓦锡还把一定的质量加热到一定温度所必需的热质称作比热。热质说被拉瓦锡明确化之后,从18世界末到19世纪初的一段时间里在物理学中占据着主流地位。在此基础上,热学获得了一定的发展。例如,傅立叶通过对热传导的研究,1822年发表《热的解析理论》,提出著名的热传导微分方程,并使用傅立叶级数展开求解方程,成为数学物理方法的成功典范。在热质说观点的指导下,瓦特改进了蒸汽机,这一革命性成果的出现,更加使人们相信它是正确的。到18世纪80年代,热质说已经能简易地解释当时所发现的大部分热现象,令许多人折服,几乎整个欧洲科学界都成了热质说的天下。这时,热质说已经达到了它的鼎盛时期。

热质说之所以占统治地位是有其历史原因的。一则18世纪是对各种物理现象分门别类地进行研究的时期,人们把热现象与其他物理现象孤立起来加以研究,尚未注意到它们之间相互联系和转化的关系。二则是因为热质说能够简易地解释当时发现的大部分热学现象。例如,认为物体温度的变化是吸收或放出热质引起的;热传导是热质的流动;摩擦或碰撞生热现象是由于"潜势"被挤压出来以及物质的比热变小的结果。在热质说观点的指导下,瓦特改进了蒸汽机。19世纪初,傅立叶还建立了热传导理论,卡诺从热质传递的物理图像及热质守恒规律得到了卡诺定理。热质说的成功,使人们相信它是正确的。热质说在把一系列实验事实和个别规律用一个统一的观点联系起来加以系统化方面起了一定的积极作用。

但热质说仍然潜在着危机,有着自身无法回答的问题:热质是否有重量?摩擦如何生热? 实验事实——水温在 0~4℃范围反常膨胀如何解释? 热质的总量守恒仍有待于用可靠的实验去验证。

挑战热质说

在热质说与热动说的竞争中,尽管 18 世纪成了热质说[1]的时代,但自早期笛卡尔、培根、波意耳、胡克、牛顿等支持热动说以来[2],热动说一直没有完全消失。随着实验材料的增多,很多实验越来越表明热质说不能说明物体因摩擦做功而发热的现象。第一个利用实验事实来挑战"热质说"的是美国的伦福德。

伦福德:摩擦生热现象

伦福德伯爵(Count Rumford of Bavaria,1753—1814),原名本杰明·汤姆逊(Benjamin Thompson),物理学家。生于美国,学于哈佛学院。因反对独立战争去了英国,英国皇家学会创始人之一。后又去德国,巴伐利亚选帝侯(Elector of Bavaria)曾授予他伦福德伯爵的称号。1800 年后定居法国。

伦福德研究过热是否有重量的问题,当时在这个问题上众说纷纭,莫衷一是。波尔哈夫说金属烧红后重量不变;布丰宣布金属烧红后重量会增加;

---

[1] 热质说的本质是将热这种现象表述为一种由"热素"或"燃素"构成的集合,该集合具有流动、凝聚属性。从此本质上讲,有时也将热质说称为热素说。

[2] 培根从摩擦生热等现象得出:热是一种膨胀的、被约束的而在其斗争中作用于物体的较小粒子之上的运动。这种看法影响了许多科学家。波意耳指出热是物体各部分发生强烈而杂乱的运动。笛卡儿把热看作是物体粒子的旋转运动。胡克用显微镜观察了火花,认为热并不是什么其他的东西,而是物体各个部位的非常活跃和极其猛烈的运动。牛顿也认为热不是一种物质而是组成物体的微粒的机械运动。18 世纪时,罗蒙诺索夫根据摩擦敲击能生热,物体受热熔化以及动植物的发芽腐烂过程都因受热而加快、受冷而减缓的现象得出结论,认为热的充分根源在于运动,由于没有物质就不可能发生运动。当时认为热是一种运动的观点,因缺乏足够的实验根据,欠说服力。

罗布克用更精确的天平重复布丰的实验，结果却是混乱的，有时变重，有时变轻；英国医生佛迪斯则声称水在结冰放出潜热后，重量增加了约十三万分之一。伦福德经过反复实验则确认热没有重量。他指出如果把热看作一种运动，那热量的变化就不会引起重量的变化。

1798年伦福德在慕尼黑兵工厂负责制造大炮的工作。他发现用钻头钻炮筒时，炮筒的温度很高。他用一个钝钻头钻一个炮筒，半小时转了960圈，炮筒的温度就由60 °F升高到130 °F。所产生的热量是否来自周围的空气？他用活塞把钻头同周围空气隔离开来，结果所生的热并未减少。他又想活塞是同空气直接接触的，那同活塞直接接触的这部分空气对热的产生是否有影响呢？于是他又把钻头、活塞和炮筒都放在一个密封的箱子里，箱内还盛了水。钻头钻了两个半小时，箱内的水就沸腾了。可见这热不是从周围空气中来的，也不可能来自于水，因为在这里水是吸收热的物体；也不可能来自比热的减小或化学变化，因为在这种情况下比热与化学性质都没有发生变化。结论只有一个：热量从摩擦中产生。

他特别注意到这热可以陆续不断地产生。他认为能够无限产生的决不可能是物质，而只能是一种运动。于是他得出结论说："任何与外界隔绝的一个物体或一系列物体所能无限地连续供给的任何东西决不能是具体的物质；除了只能把它认为是'运动'以外，我似乎很难构成把它看作为其他东西的任何明确的观念。"在1798年，撰文《摩擦产生热的来源的调研》讲述了他的机械功生热的实验，质疑"热质说"，指出在钻孔过程中热量不是来自金属的潜热或者什么物质，只能来自钻头克服工件摩擦力所作的机械功。其实，认为运动可以无限产生的说法是不正确的，但他由此得出的结论却是明白无误的：热是一种运动形式。伦福德对自己的理论充满了信心。1804年他说，他会高兴地看到热素跟燃素一起埋葬在同一个坟墓之中。

戴维：真空下摩擦冰块实验

朗福德之后，化学家戴维也用实验证明了热动说，挑战了热质说。1799年，英国的戴维（1778—1829）在真空装置中使两块冰摩擦，并使周围的温度比冰还低。冰块摩擦后，就逐渐融化了。戴维指出热不可能从周围空气中来，因为周围的温度比冰还低，也不可能来自潜热，因为冰融化时是吸收潜热，而不是放出潜热。所以他也得出了同伦福德相同的结论：热素是不存在的，热现象的直接原因是运动。他说，热"可以定义为一种帮助物体微粒分离的特殊运动，或许振动。说得恰当一点，可以称它为推斥运动"。

▲ 戴　维

朗福德和戴维的实验和论证是极具说明力的，可以说为以后"热质说"的彻底崩溃与"热动说"的最终确立，奠定了坚实的基础，但朗福德和戴维的工作在当时并未在物理界引起多大的反响。

至此，关于热的本性的两种不同学说的争论就告一段落。当然，热质说的历史也并未即刻结束，仍有些科学家坚持热质说。19世纪初的近四十年里，许多著名的科学家仍然以热质说为基础进行热现象的研究。如法国数学家和物理学家傅立叶根据热质流动的观念建立了热传导理论，卡诺基于热质说创立了理想热机的理论。热动说要彻底打败热质说还需要几十年后迈尔、焦耳、亥姆霍兹等人的实验来支持。

热质说退出历史舞台

在朗福德和戴维时期，热动说并未成为主流观点。而将热动说发展成为主流观点，即战胜热质说，直到焦耳等人得到了热量和功之间的当量关系、能量守恒与转化的最终确立才得以实现。

随着蒸汽机技术的不断发展和自然科学各领域研究的不断推进，在19世纪40年代前后，人们已经形成了这样的观念：自然界的各种现象间都是相互联系和转化的。人们对热的研究也不再是孤立地进行，而是在热与其他现象发生转化的过程中认识热，特别是在热与机械功的转化中认识热。

热是运动的确证

德国的迈尔（1814—1878）通过对动物热的研究而发现能量守恒与转化定律。动物热的来源是什么？这在过去是个颇为神秘的问题。拉瓦锡认为动物热来自于食物的消化，而消化是一个类似燃烧的过程。1840年迈尔担任

▲ 迈 尔

去爪哇海船的医生。当船驶到赤道附近时，他发现海员静脉的血液要比在欧洲时鲜红。由此他作了如下推论：在炎热的条件下人体需要的热少，所以食物燃烧过程减弱即体内消耗氧少，而静脉血液含氧多，颜色就鲜红。这使他认识到食物所含的化学能可以转化为热能。他又听海员说，海水受到猛烈冲击时，水温也会升高，这又使他认识到机械能与热能的关系，并逐步形成了一切都相互转化的思想。

1841年迈尔写了第一篇论文《论力的量和质的定义》，认为运动、热、电等都可以归结为一种力的现象，它们按照一定的规律相互转化。1842年迈尔又

写了第二篇论文《论无机界的力》，在该文中迈尔证明了力（能）是不可毁的、可变换的、不可称量的存在物，还分析了热与运动的关系。迈尔认为热不可能来自摩擦物质所减少的那部分体积，意思是说热不可能来自摩擦过程中的物质的损耗。迈尔发现，当他用力摇动水时，水温会升高，而水的体积却反而增加了。"对于运动来说，除了热以外，再也找不出其他的果，而对于所生的热来说，除了运动以外，再也找不出其他的因。所以我们宁可采取运动生热的假定，而不采取无果之因和无因之果的讲法。这正如一个化学家不能承认氧与氢可以无形消逝，毋须再作进一步的研究，而宁愿以氧与氢为一方，以水为另一方去建立它们之间的关系一样"。运动与热具有因果关系，运动可以转化为热，热可以转化为运动；在这种转化中，运动等于它所产生的热。如果运动是热的当量，那热也是运动的当量。不认识运动与热的因果关系，就很难说明热的产生。这可以看作是关于热动说的论证。

热功当量的确证

卡诺、迈尔都曾推算过热功当量，但在这方面工作得最出色的是英国酿酒师，道尔顿的学生焦耳。焦耳（1818—1889）年轻时曾试图发明永动机，屡遭失败，他从中领悟出"不要永动机，要科学"的道理。从 1840 年开始，他利用电热量热法和机械量热法进行了大量的实验，最终找出了热和功之间的当量关系。如果用 W 表示电功或机械功，用 Q 表示这一切所对应的热量，则功和热量之间的关系可写成 $W=JQ$，J 即为热功当量。在 1843 年，焦耳用电热法测得的 J 值大约为 4.568J/cal；用机械方法测得的 J 值大约为 4.165J/cal。他经过多年的努力，测出了相当精确的热功当量数值：1 磅水增加 1°F 的热量，相当于把 772 磅重物下降 1 英尺所做的机械功。他也独立得出了这样的结论：力是不能毁灭的，哪里消耗了机械力，哪里就能得到相当的热。1850 年焦耳被选为皇家学会会员，这标志着能量守恒与转化定律得到了公认。

焦耳还深刻地论述了热的本质，发展了伦福德的思想。他说，认为热是一种具有广延性与不可入性的物质，这曾经是大多数人所主张的观念。可是

▲ 焦 耳

热能转变为活力和穿过空间的吸引,而物质转变为吸引的说法是十分荒诞的,所以热不是物质,而是微粒的运动。一个静止的物体,它所包含的微粒却可以以1英里(1.609千米)/秒的速度在运动。但由于微粒很小,即使用最好的显微镜也观察不到热运动。他还认为显热是用来增加微粒运动速度的,而潜热是用来增加微粒间的离心力的,从而较好地解释了潜热的本质。

焦耳深信能量守恒与转化定律的正确,并力图对这一定律作出定量分析。他说:"根据造物者的意旨,这些伟大的天然动力,都是不可毁灭的,而且无论在什么地方,只要使用机械力,就总能得到完全当量的热。"热是运动,那热和运动的传递规律就应相同,力与热之间的一定数量比例关系,就体现了这种一致性。他说,戴维认为热现象的直接原因是运动,所以,热传递的定律与运动传递的定律完全一样,这个推论有充足的理由。在这个基础上,焦耳确定自己的任务是精确地确定力与热之间的当量关系。

焦耳最后测量热功当量值的论文,于1849年提交英国皇家学会,并于1850年刊登在《哲学学报》上。他在这篇论文中说,他的这项课题的实验研究始于1840年,那年他把他发现的伏特电放热定律通知了皇家学会。"从这定律直接得出的推论是:第一,如果其他因素相等,任何伏特电堆放出的热与该电堆的强度或电动势成比例;第二,物体燃烧放出的热与该物体对氧的亲和力的强度成比例。就这样,我在热与化学亲和力之间成功地建立了联系。"1843年焦耳指出磁电放出的热与所吸收的力成比例。最后他写道:"可以总结说,本论文所述的实验已经作出如下的证明:第一,不论固体或液体摩擦所生的热量,总是与所耗的力量成正比。第二,要使1磅水(在真空称量,其温度在 55 °F 和 60 °F 之间）增加 1 °F 的热量，需要耗用 772 磅重物下降 1 英尺所用的机械力。"

从 1840 年到 1878 年近 40 年的时间内，焦耳一直进行着类似的实验，在 1843 年后，又分别于 1845 年、1847 年、1850 年公布了他进一步测定的结果，最后在 1878 年公布的结果为 $J=4.157\text{J/cal}$。热功当量的确证有力地支持了热动说，否定了热质说。

严密的学术语言确证

独立地得出了力的守恒定律还有德国的赫尔姆霍茨（1821—1894）。如果说迈尔是首次通过思辨性的哲学语言来表述这一想法，如果说焦耳是首次确证了热功当量之间的数量关系，那么可以说赫姆赫兹首次使用了严密的物理学和数学语言来描述能量守恒定律。三者以各自的方式为能量守恒定律的发现做出了贡献，也为热质说彻底退出历史舞台打下了坚实的实验和理论基础。

赫尔姆霍茨出生在波茨坦，是德国著名的生理学家和物理学家。他的学术兴趣广泛，当过柯尼斯堡大学的生理学教授，在海德堡大学教过解剖学，又到柏林大学教过物理学，在生理、解剖甚至黎曼的非欧几何方面都有很深的研究。但使他享有盛名的是他在物理学方面的贡献。1843 年到 1847 年间他发表的论文大多数是处理动物热和肌肉收缩问题的。正是这些工作使得他将能量守恒定律推广到自然界，明确地摒弃了热质说，把热看成粒子（分子或原子）运动能量的一种形式。

▲ 赫尔姆霍茨

赫尔姆霍茨在对焦耳的工作知之甚少、对迈尔的工作一无所知的情况下，

独立地完成了《论力的守恒》一文（这里"力"是一个几乎等价于"能量"的概念），并于 7 月 23 日在柏林物理学会的年会上宣读。然而跟其他人一样，他的论文一开始除了少数几位年轻人外，没有人理睬。该文最终以自费出版的小册子的形式流传。

他在"探索规律，通过这些规律中的各个过程，总结出普遍的法则，并且又能使这些规律从普遍的法则中推导出来"，他相信"科学的最终目的是探索自然过程中最后不变的原因。"在这种思想的指导下，他在论文中首先提出了两个普遍性的原理：活力守恒原理和力守恒原理。

活力守恒原理被描述为"如果任意数量的能运动的质点只在相互作用力或在指向固定中心的力作用下运动，则一切活力的总和，在所有质点相互之间及相对于那些可能出现的固定中心具有相同的位置之时，不论它们在其间经过什么途径或以什么速度，都是相同的。"活力守恒原理的表达式为：

$$\frac{1}{2}mv^2 = mgh$$

活力守恒原理只表示了引力场中的活力即动能和势能之间的转化和守恒关系，为了把这个原理推广到活力变化与任意方向的作用力所做的功之间的守恒关系，他提出了力守恒原理。他把任意方向的作用力径 ψ 和沿矢量 r 位移的乘积总和 $\int_r^R \psi \mathrm{d}r$ 称为张力。根据牛顿第二定律导出力守恒原理的表示式为：

$$\frac{1}{2}mQ^2 - \frac{1}{2}mq^2 = \int_r^R \psi \mathrm{d}r$$

其中 Q、q 为物体运动的末速度和初速度，m 为质量，ψ 为位移 r 方向上的中心力。"力守恒原理"用文字表达为："一个物体在中心力作用下运动时，其活力的增加等于使其距离作用相应变化的张力的总和。"

力的守恒原理属于机械能守恒的范畴，只有把它推广到各种基本自然现象上，才能得到赫尔姆霍茨希望的普遍的自然科学基本定律。在进行这一步推广时，赫尔姆霍茨不得不以对力守恒原理的应用来代替严格的数学证明。他列举了力守恒原理应用的六个方面：（1）引力作用下的运动；（2）非磨擦和非弹性体的碰撞运动;(3)理想弹性固体和液体的运动;(4)热功当量;(5)电过程的力当量;(6)磁和电磁现象的力当量。在这六个方面的应用中,赫姆霍兹根据当时的科学发现:尽可能运用数学的和定量的分析方法,不得已时采用定性方法,来论证力的守恒原理。

这样,赫尔姆霍茨用物理学语言,从活力守恒(恒力作用下的机械能守恒)推导出普遍意义上的机械能守恒,最后还推广到自然界,包括有机界和无机界。他是在力学、电磁学、光学、热学、化学等大量已知实验事实基础上论证了能量守恒的普遍性。1854 年,在《自然力的相互作用》中,他明确地表达了能量转化和守恒的思想。能量守恒定律的最后严格表述,由开尔文勋爵在 1853 年给出[1]。

总之,到了 19 世纪 40 年代末,随着能量转化与守恒定律的逐步确立,把热看作物质的一种特殊形态的热质说已无继续存在的理由,热被看作能量(或者说运动)的一种特殊形式,它可以转变为其他形式的能量,特别是热和机械运动之间的相互转化,表明了热能只不过是物质内部粒子的机械能。随着人们对物质微观结构认识的逐步深入,最终形成了对热的科学的认识:热是大量物质分子的无规则运动。这也最终奠定了热动说的胜利,热质说由此彻底的退出了历史舞台。

在热动说牢固确立后,进一步探索热的微观本质成为物理学家们的迫切任务。在克劳修斯、麦克斯韦、玻耳兹曼等人的努力下,建立起了分子运动论。在吉布斯的系统理论、波尔兹曼、吉布斯、丁铎尔等研究的涨落理论和布朗运动,以及由玻色、费米、泡利等建立量子统计理论的基础上建立了探讨热的微观本质的"统计力学",使人们对热的本性的认识更为深刻。

---

[1]　我们把既定状态中的物质系统的能量表示为:当它从这个既定状态无论以什么方式过渡到任意一个固定的零态时,在系统外所产生的用机械功单位度量的各种作用的总和。

▼ 尾 声

纵观人类认识热的本性历史,从 1620 年弗兰西斯·培根研究热算起,热质说与热动说之争历经 200 余年。今天看来,热质说是错误的,对热学的发展起着严重的阻碍作用。但它对热学的发展还有积极作用的一面,尤其是在量热学方面获得了极大的成功。热动说与热质说之争,对能量转化与守恒定律的建立也有促进作用,有着它的独特贡献。

人类对热本质探讨的曲折过程告诉我们:一要正确对待历史上错误的假说,历史上错误的假说是有其存在的历史原因的,它与人类当时的理论认识水平和实践认识水平相一致,热质说把映象当作了原形(恩格斯语),但它更适合于当时自然科学家们机械论的、形而上学的思维方式,所以是物理学发展难以绕过的阶段。只有到了科学发展到一定阶段,错误假说逐渐暴露出其缺点,才会逐渐被新的假说所代替;二是科学发展是一个艰苦曲折的过程,仅就 18 世纪末开始来说,热质说尽管在不断暴露其弱点,但热动说战胜热质说也经历了近半个世纪的历史;三是要善于接受有创见的新思想、新学说,勇敢果断地抛弃在实践中已经显出矛盾的观念,反对把一个阶段上的认识当作"终极真理"。

第五章

拉瓦锡氧化假说

　　在任何情况下，都应该使我们的推理受到实验的检验，除了通过实验和观察的自然道路去寻求真理之外，别无他途。

——拉瓦锡

安托万—洛朗·拉瓦锡(A. L. Lavoisier, 1743—1794)法国著名化学家，近代化学的奠基人之一，"燃烧的氧学说"的提出者。1743年8月26日生于巴黎，因其包税官的身份在法国大革命时的1794年5月8日于巴黎被处死。拉格朗日不无遗憾的说"砍掉他的头只要眨眼的功夫，可是生出一个像他那样的头大概一百年也不够。"拉瓦锡与他人合作制定出化学物种命名原则，创立了化学物种分类新体系。拉瓦锡根据化学实验的经验，用清晰的语言阐明了质量守恒定律及其在化学中的运用。这些工作，特别是他所提出的新观念、新理论、新思想，为近代化学的发展奠定了重要的基础，因而后人称拉瓦锡为近代化学之父。拉瓦锡之于化学，犹如牛顿之于物理学。

1774年10月，普里斯特里向拉瓦锡介绍了自己的实验：氧化汞加热时，可得到脱燃素气，这种气体使蜡烛燃烧得更明亮，还能帮助呼吸。拉瓦锡重复了普里斯特利的实验，得到了相同的结果。但拉瓦锡并不相信燃素说，所以他认为这种气体是一种元素，1777年正式把这种气体命名为oxygen(中译名氧)，含义是酸的元素。拉瓦锡通过金属煅烧实验，于1777年向巴黎科学院提出了一篇报告《燃烧概论》，阐明了燃烧作用的氧化学说，要点为：①燃烧时放出光和热。②只有在氧存在时，物质才会燃烧。③空气是由两种成分组成的，物质在空气中燃烧时，吸收了空气中的氧，因此重量增加，物质所增加的重量恰恰就是它所吸收氧的重量。④一般的可燃物质(非金属)燃烧后通常变为酸，氧是酸的本原，一切酸中都含有氧。金属煅烧后变为煅灰，它们是金属的氧化物。他还通过精确的定量实验，证明物质虽然在一系列化学反应中改变了状态，但参与反应的物质的总量在反应前后都是相同的。于是拉瓦锡用实验证明了化学反应中的质量守恒定律。拉瓦锡的氧化学说彻底地推翻了燃素说，使化学开始蓬勃地发展起来。

拉瓦锡科学革命，是近代化学的开端。拉瓦锡提出的新观念、新理论、新思想为近代化学的发展奠定了重要基础。正如19世纪德国化学家李比希(Justus Von Liebig, 1803—1873)所说"他的不朽光辉在于他将一种新的精神注入了科学内部"。

历史背景

燃烧的本质是什么

古代人思维的一个重要特征,就是"天才的直觉",他们常常凭借猜测,把当时认为最简单的事物,看作万物的本原。古希腊哲学家赫拉克利特把火看成是构成宇宙的元素,认为整个世界是"一团永恒的活火"。古代炼金家和炼丹家看到了火能够促进物质转化,企图用火来实现自己的梦想。可是,人们只知道火是构成万物的一个元素,至于火的奥秘、燃烧的实质,由于古代生产技术的低下,就不得而知了。

日落星升,岁月如梭。近代的欧洲像只火凤凰一样从黑暗的中世纪冲天而起,演绎出无数悲壮的历史事件。市场经济和资本主义生产方式相结合,创造了巨大的社会财富,推动了生产的飞速发展,为人类研究火和燃烧的本质提供了现实的背景。在欧洲南部,意大利开始的文艺复兴,使热亚那、佛罗伦萨等地商品生产有了极大的发展。多才多艺的时代巨人达·芬奇已经注意到:在燃烧时,若无新鲜空气补充,则燃烧就不能继续进行,也就是说,燃烧现象与空气的存在有必然的联系。

1540 年,意大利矿业学家毕林古乔(V. Biringuccio)出版了《论高热技术》;意大利人用高温烧制的玻璃制品畅销欧洲。在欧洲北部的斯堪的那维亚半岛,瑞典是炼钢冶铁的主要国家。在整个近代欧洲,德国一直是矿冶中心。英国则从 1523 年就建造了炼钢炉。这一时期,出现了一大批以研究燃烧为主的科学技术专家,如著名的阿格利柯拉(G. Agricola,1490—1555)、巴拉塞尔苏士(T. Paracelsus,1493—1541)、李巴维乌斯(A. Libavius,1540—1616)、冯·海尔蒙特(J. von Helmont,1577—1644)和格劳伯(J. Glauber,1604—1670)等人。当时仅以燃烧为题目的畅销著作就有《论金属》《新的哲学炉》《火术》和《新炼金术》,等等。像冯·海尔蒙特这位著名的科学家公开宣称自

已是"火术哲学家"。这个时代处在襁褓之中的化学是以火的应用为特征的。如果说上述人物从事的活动是半实践半理论的话,那么后来又出现了一大批以研究为主以实验为辅的专业燃烧理论家,他们的科学探索为后来拉瓦锡氧化燃烧假说奠定了基础。

17世纪著名的科学家玻意耳(R. Boyle, 1627—1691)十分关注燃烧问题。他观察到,把诸如蜡烛、煤、硫等各种正在燃烧的物质放入他的抽气机,则当容器抽空时,它们便熄灭了。他还注意到,一盏灯尽管加入了燃油,但在一个被抽空的容器里仍然熄灭掉。由此他得出结论,在大气的其余部分可能散布着某种奇特的气体,空气正是由于它才成为维持燃烧所必不可少的东西。玻意耳关于金属焙烧的实验研究又使他得出,金属增加重量是由于金属吸收了"火微粒"的结果。他曾发表《关于火焰与空气关系的新实验》的论文。他认为,燃烧的本质是火微粒得失运动的结果。

▲ 玻意耳

1661年,玻意耳撰写的《怀疑化学家》出版。在书中他给化学元素下了一个朴实的科学的定义。他指出金属经煅烧后所得到的灰渣是比金属本身还要复杂的物质。玻意耳关于化学元素的伟大见解,也像其他许多新学说一样,在当时并未被人们所承认,而被视为异端邪说。直到一个世纪以后,从拉瓦锡起才被明确接受,成为近代化学的基础。

拉瓦锡1743年出身于法国巴黎一个富裕的律师之家。幼年丧母,由姨母抚育成长。他在法国以科学教育而著称的马札兰学院学习了7年,受到法国最好的科学技术教育与训练。青少年时代,拉瓦锡就写出科学研究的论文。从20岁起,他坚持每天进行气象观测。他对科学的热爱深受著名地质学家格塔尔的影响。毕业以后,他没有"子承父业"去当律师,而是投身科学研究。

　　1765 年,法国科学院花费重金进行的科学问题有奖征答活动,吸引了年轻的拉瓦锡。这是他走上科学研究道路的肇始。法国科学院重金征答活动在欧洲很有名气,伟大的人文主义者卢梭就是通过参加征答而一举成名的。拉瓦锡所面临的征答问题是改进巴黎的街灯建设的设计方案。当时,巴黎街道仍然使用古老笨拙的燃油灯。灯火微弱阴暗,光线模糊不清,经常造成重大人身伤亡事故。街灯设计问题的本质其实是关于如何科学燃烧的问题。为了解决街灯的设计和燃烧问题,拉瓦锡进行了一系列实验。当时,由于没有灯光照度仪,为了比较不同的燃烧效果,用自己的眼睛作为测量仪更准确,拉瓦锡把自己关在暗室里长达 6 天,连饭菜都需由别人隔着黑帘送入。这位年轻人对艰苦的研究工作乐此不疲。虽然他的设计方案未被采纳,但由于论文出色获得国王颁发的特别金质奖章。这是拉瓦锡第一次接触燃烧问题。

　　拉瓦锡走上科学研究的道路并不是一帆风顺的。当时,法国还没有专职的科学研究人员。由于科学研究需要花费大量的金钱,所以,法国科学院明确要求,被选为院士的条件之一就是必须殷实富有,拉瓦锡的家庭比较富有,但是在科学院看来还远远不够。1768 年,为了进入科学院,25 岁的拉瓦锡担任了巴黎征税承包业主一职,具备了做一个耗费财力而又不赚钱的科研工作者的条件。同年 6 月 1 日,他被推选为法国科学院的助理院士。这一年,他成功地进行了水不能转化为土的著名科学实验。1771 年拉瓦锡与贤惠聪明的玛丽结婚,两人成为科学史上有名的"科学研究的伉俪"。第二年,拉瓦锡进行了一系列研究燃烧的实验工作,为解开燃烧之谜奠定了基础。到 1778 年,他在科研中已经成果累累,令人折服,成为正式院士,1785 年,他担任了法国科学院的秘书长(即院长)之职。拉瓦锡在研究燃烧的过程中,接触到了燃素说所描述的世界。

从火微粒说到燃素说

　　直到 17 世纪后半叶,燃烧仍然是一个十分吸引人的科学难题,因为大多数化学变化涉及到燃烧，所以解决燃烧问题对于化学发展意义重大。为此，一大批化学家投身到燃烧研究当中。其中著名的化学家就有玻意耳、雷伊、胡克和梅猷等人。牛顿经典力学体系的成功，机械唯物论自然观的形成，使人们以为用机械力学的理论和方法可以解决所有的自然现象。受这种思想的影响，化学家们提出了用以解释燃烧现象的假说——"燃素说"。

1669 年，德国化学家贝歇尔（J. Becher，1635—1682）在《土质物理》一书中，对燃烧现象作了许多论述，提出了"燃素说"的基本思想。他认为，气、水、土都是元素，土又分为固定土、油土和流质土，燃烧是可燃物中的油土逸出的结果。贝歇尔所说的油土，即相当于后来的所谓燃素。1703 年，贝歇尔的学生、德国医生、化学家施塔尔（G. Stahl，1660—1734）继承和发展了贝歇尔的思想，把油土改名为"燃素"。他总结了燃烧中的各种现象及各家的观点，系统地阐述了燃素说。

▲ 贝歇尔的《土质物理》

注：1669 年德国著名化学家贝歇尔在《土质物理》一书中，对燃烧现象作了系统的研究，他认为燃烧是一种分解反应。

燃素说，本质上也是科学发展史上的一个假说。这一假说在当时不但从表面上解释了燃烧现象，而且能对许多化学现象作出说明。作为占统治地位的化学思想，它一直延续到 18 世纪末的拉瓦锡时代。

燃素说认为，火是由无数细小、活泼的微粒构成的物质实体，而由这种火微粒组成的火的元素就是"燃素"。燃素是一种元素而非火本身，它包含在所有可燃物中，也包含在金属（燃烧成灰渣的）里面；它还能从一种物体转移到另一种物体。一切与化

▲ 施塔尔

学变化有关的燃烧过程，都可以归结为物体吸收燃素与释放燃素的过程。煅烧金属时，燃素逸出，金属变成煅灰；煅灰与富含燃素的木炭共燃时，从中吸取燃素，金属又会重生。作为一种普遍适用的化学假说，燃素说还可以解释许多非燃烧的化学反应，如金属溶于酸以及金属的置换反应。认为前者是由于酸夺取了金属中的燃素，铁置换溶液中的铜是由于金属铁中的燃素转移到铜中去的结果。燃素说几乎解答了当时生产实际和化学实验中所提出的各种问题，因而赢得了许多化学家的重视和支持。在化学发展史上，燃素说取代了炼金术在化学上的统治地位，推动了近代化学的发展。

燃素学说的提出，把大量零星片断的化学知识集中在一起，并用统一的思想加以说明，无疑具有积极的意义。在那个时代，要把化学研究彻底从炼金术的神秘主义中解放出来，燃素学说符合了时代的要求。同时由于它比较全面地解释了当时的化学现象，所以很快就得到了许多化学家的信任和支持。更重要的是，在燃素学说的指导下，人们开始普遍注重实际化学反应的研究，从而积累了相当丰富的科学资料，这些资料对科学燃烧论的建立和近代化学的发展都起到了积极的促进作用。但是，燃素学说毕竟是建立在幻想基础上的假科学，在它统治近百年的历史中，不断受到各方面科学实验的冲击。

挑战燃素说

新的化学事实与旧学说冲突日益加剧,燃素说最终成为科学的氧化说诞生的催生婆。

18世纪初,英国著名化学家黑尔斯(S. Hales,1677—1761)开创性地制取了许多种气体,发明了一些收集气体的方法。他的研究和实验引起了人们广泛的兴趣,为各种气体的发现做好了方方面面的准备。

1755年,英国化学家布拉克(J. Black,1728—1799)通过对石灰石煅烧过

▲ 布拉克

程的定量实验研究发现了碳酸气(即现代化学中的二氧化碳气体),进而初步揭示了碱的本质。他是化学发展史上最早认识到气体各有不同化学性质的化学家之一。后来,他称碳酸气为"固定空气"。

1766年,英国化学家卡文迪什(H. Cavendish,1731—1810)在皇家学会刊物上发表了《论人工空气》一文,根据锌、铁和锡三种金属与矾酸(即硫酸)或盐精(即盐酸)作用时产生的气体性质所进行的实验,发现了氢气,他称之为"从金属来的可燃空气"。这种气体与普通空气混合可以引起剧烈的爆炸。他用燃素说加以解释:金属在酸中溶解时,"它们所含的燃素便释放了出来,形成这种可燃空气"。他提出氢气是燃素和水的化合物。

1772年,英国化学家卢瑟福(D. Rutherford,1749—1819)发现了氮气,他称之为"浊气"。他不承认氮气是空气的一种成分,而认为是"被燃素饱和了的空气"。由于它已吸足了燃素,因此失去了助燃的能力。燃素说的陈旧观念使他不能真正认识氮的性质和空气的组成。

自1772年始,英国化学家普利斯特列(J. Priestley,1733—1804)相继发现

了一系列气体，比如氧化氮、一氧化碳、二氧化碳和氨气。其中，他研究发现的氧气是推翻燃素说的重型武器。遗憾的是，普利斯特列是一位忠实的燃素说信徒，他将氧气称为"脱燃素空气"，而把氮气称为"被燃素饱和了的空气"。几乎同时，瑞典的化学家舍勒（K. Scheele，1742—1786）也研究和制得了氧气；1774年，他还发现了氯气等气体。

特别是，到18世纪中叶，已有人向燃素说作过冲击。1756年，俄国科学家罗蒙诺索夫（M. Lomonosov, 1711—1765）曾在密闭玻璃

▲ 舍　勒

器内煅烧金属，做了金属煅烧后重量增加的实验。他指出，重量的增加是由于金属在煅烧时吸收了空气的结果。1774年4月，法国人贝岩（P. Bayen）在《物理学报》中曾发表论文，讨论氧化汞的性质。他认为水银被煅烧时，不但不失去燃素，而且和空气化合，增加重量。但他们的研究不够全面，不是定量的，没有对氧的性质作透彻的研究，更没有认识到它是一种新元素。

拉瓦锡开始也信奉燃素说。但1772年，他读到同事莫尔渥（G. de Morveau，1737—1816）一本关于金属煅烧的著作，书中指出，一切金属煅烧时重量增加。这一事实引起了他的惊奇和深思。

拉瓦锡原本认为"金属是由金属灰与空气所构成的"，而今他必须考虑，如果金属煅烧时重量增加，那么，就必须有某种东西被加入，而不是除去某种东西。按照燃素说，煅烧金属和无机物燃烧必定要放出燃素，其逻辑结果竟是：燃素的失去产生了重量的增加。由燃素说推出燃素具有负重量，这在拉瓦锡看来是非常值得怀疑的。他坚信牛顿力学的断言：一切物体都有重力质量。因此，拉瓦锡决心用实验这一"理性法庭"来裁决燃素说。

1772年夏天，拉瓦锡选用磷和硫燃烧生成物的实验来验证物质燃烧增重的事实。他在这年写的三份笔记中记载了他所做的工作。在1772年9月10

日的第一份笔记上，拉瓦锡明确记载他想知道在磷燃烧时是否吸收了空气。在 10 月 20 日给科学院的一份笔记中，他已经明确地认识到，不仅酸中含有空气，而且金属灰中也同样含有空气。12 月 1 日给科学院的一份密封笔记（1773 年 5 月宣读）：磷燃烧时与空气结合，生成"磷的酸精"（即磷酸），比原来的磷要重。硫经过同样的反应可生成"硫酸"。他写道："这个重量增加起因于大量空气。这些空气在燃烧时被固定并与水蒸气结合。我已通过实验确立的这一发现，我认为是有决定意义的。它使我想到在硫和磷燃烧中观察到的情况也许所有物质燃烧时都能发生，即通过燃烧和煅烧而获致重量；我相信金属灰重量的增加，亦复如此。""这一实验完全证实了我的猜测：我用黑尔斯的仪器，在一个密封容器中使密陀僧（铅的氧化物矿物）还原，在铅灰变成金属的一刹那，有相当可观的空气离析出来，这种空气的体积比所用的密陀僧的体积要大上 1000 倍。这在我看来，真是一个自斯塔尔以来的最有意义的发现。"拉瓦锡相信，他的工作"决定要给物理学和化学带来革命"。从此他与燃素说分手，运用杰出的天才，奋斗在创立新假说的征途中。

这样，拉瓦锡就遵循了一条与燃素说截然相反的研究路线进行探索。按照燃素说，燃烧仅仅是放出燃素，它并不断言"在燃烧中有某种东西与燃烧物结合"，因而它无须去寻找这种与燃烧物相化合的东西，只用燃素概念去解释一切就够了。但对拉瓦锡来说，问题却刚刚开始，并且是具有关键意义的开始。他必须进一步厘清：是什么物质与燃烧物结合了？它们是怎样结合的？

从 1773 年 2 月到 8 月中旬，拉瓦锡集中进行实验验证工作，同年 9—11 月撰写了《物理化学简论》一书。从该书我们得知，拉瓦锡潜心研究了前人与他人关于气体所做的工作、已有的成果以及他们对空气本质的不同观点。他还重复了布拉克用白垩、熟石灰、各种碱、盐的作用而产生固定空气的实验；红铅的还原；铅在空气中的煅烧；各种空气性质的进一步分析；固定空气的溶解；磷的燃烧；等等。这一系列实验使他明确了：第一，不是全部空气，而只是其中的一部分与金属化合；第二，空气是一种混合物。

为了测出到底有多少空气在燃烧过程中与燃烧物结合，拉瓦锡用白磷进行实验。他把盛有白磷的小盘子放在浮于水面的木座上,再用烧红的铁丝把磷点燃,立即罩上玻璃罩。罩里慢慢弥漫了白色浓烟,燃烧的白磷很快熄灭,罩里的水面上升,但没有升到顶端。拉瓦锡以为磷用少了,以致罩内空气不能和磷全部化合。于是他把白磷的量增加了一倍,结果出乎意料,水面上升高度不变。实验重复了十次之多,结论都一样,拉瓦锡认识到,只有 1/5 的空气能与磷化合,其余 4/5 的空气是不能化合的。他用硫做实验,情况也是如此。

接着,拉瓦锡决心进一步弄清这 1/5 的气体究竟是什么。他用金属做实验并注意到,金属灰与木炭加热变成金属时,总放出一种气体,这种气体正是布拉克所说的固定气体,也就是木炭在空气中燃烧后生成的那种产物,他意识到燃烧作用是和空气中的某种气体的化合作用,他把这种气体叫作"有用空气"。现在,他想只要能从金属灰中制取纯的"有用空气"就大功告成了。他用铁灰进行试验,但没有成功。

就在拉瓦锡一筹莫展的时候,普利斯特列访问巴黎。在接待他的宴会上,普利斯特列告诉拉瓦锡和法国科学家,不久前他进行了一项新颖实验和重要发现。这实验是利用凸透镜聚集太阳光在一个排水集气的实验装置中加热汞灰。他收集到一种有显著助燃作用的气体,当它与物质相接触时,发生猛烈地燃烧,那情景太让人兴奋了。普利斯特列当时并没有认为它是一种新发现的气体。但是这点启示已深深触动拉瓦锡,他立即运用倍数更大的凸透镜重复了普利斯特列的实验,并获得了这种有显著助燃性能的气体,它完全具备拉瓦锡对"有用空气"所预期的性质。随后,拉瓦锡重做了普利斯特列和卡文迪什的实验,这就是化学史上有名的"12 天实验"。这个实验是这样的:他把汞放置在曲颈瓶里,将瓶颈伸入盖在玻璃钟罩下的汞槽内,用炭火连续加热至汞沸点接近的温度达 12 昼夜。他发现瓶内生成红色的汞灰,同时密闭在曲颈瓶内及钟罩内的空气容积减少了近 1/5,剩余空气不能再维持燃烧,小动物在里面几分钟就死去。

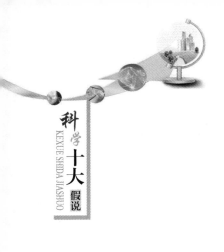

▲ 钟罩实验

注：拉瓦锡为了验证物质燃烧后增重的事实，进行了著名的钟罩实验，把磷放在一个钟状的容器里燃烧，并证明了物质燃烧后的增重是因为与空气结合了，这一观点是与燃素理论完全对立的。

　　他再将45份重的汞灰放置在容器中加热，产生物是41.5份的汞和一种气体，气体的体积为7~8立方英寸，重为3.5~4份，41.5+3.5=45，物质的总质量不变。拉瓦锡知道了这气体能使蜡烛火焰燃得更明，能维持动物的呼吸，是"空气中更适于卫生更纯净的部分"或"空气中永远可呼吸的部分"。

　　1775年，拉瓦锡担任了法国火药硝石管理局经理，他一方面研究各种制造火药的原料，另一方面继续探索燃烧问题。他不仅证实了硝酸和硝石中都含"有用空气"，而且发现硫、磷、炭燃烧后生成的产物具有酸性。于是他设想，"酸类中会含有这种气体元素"。

　　1777年，他用实验证明了，空气是由大气的碳气（后来叫氮）和"比一般空气更适于呼吸和助燃"气体组成的。他正式把后者命名为"Oxygen"（氧）意为"成酸的元素"。这样，氧的发现就最终完成了。

　　在此基础上，拉瓦锡又做了大量燃烧实验。例如，用强热分解氧化铅、硝酸钾等，都证明其中氧的存在，并用实验证明燃烧物是化合物这一演绎结论的正确性。他还重做了1772年做过的磷燃烧实验，用与氧气的结合进行解释，得到了更为满意的结果。

　　从这些实验中拉瓦锡抓住了一个要害问题：解释上述所有实验，并不需要燃素，臆造一种与其他物质在性质上根本不同的物体是不必要的。

　　一个伟大的科学假说已经孕育成熟。

　　一场化学革命的风暴已经来临！

▼ 氧化假说的提出

▲ 拉瓦锡夫妇肖像

　　注：大卫（Jacques-Louis David，1748—1892）于1788年创作，反映拉瓦锡夫妇的甜蜜爱情和美满生活。

　　1772年拉瓦锡开始萌发革命性观念时就非常清楚："不提出使朋友们确立正确思路的某种东西，要与他们交谈是困难的"。因此，5年来他集中对新学说至关重要的那些反应进行研究，分别用硫、磷、木炭、钻石、锡、铅、铁、三仙丹（氧化汞的俗称）、硝酸盐及一些有机物进行了大量燃烧和煅烧实验。他对燃烧的本质和氧元素的性质有了更多的认识。他强烈地意识到，合理地解释燃烧现象的新观点已经成熟。1777年9月，他正式向法国科学院提交了一篇报告，题为《燃烧通论》，全面阐述了新的燃烧的氧化学说。其主要论点如下：

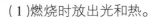

（1）燃烧时放出光和热。

（2）物体只有在氧存在时才能燃烧。

（3）空气是由两种成分组成的。物质在空气中燃烧时，吸收了其中的氧，因而重量增加；所增之重恰为其所吸收的氧之重量。

（4）一般的可燃物质（非金属）燃烧后通常变为酸，氧是酸的本质，一切酸中都含有氧元素；而金属煅烧后变成煅灰，它们是金属的氧化物。

《燃烧通论》的实质、历史地位，就在于它"使过去在燃素说形式上倒立着的全部化学正立过来了"。拉瓦锡彻底地把虚构的、神秘的燃素概念完全颠倒了过来，以氧元素作为可以普遍理解化学反应的基本要素，建立了"氧的本原"地位。他把燃素说所描述的过程完全颠倒过来了：按照燃素说，燃烧是一种分解反应，金属分解，放出燃素，金属变成金属灰；氧化假说则断言，燃烧是一种结合反应，金属与空气结合变成金属灰。燃素说把煅烧视为结合反应，而拉瓦锡则明确断定：煅烧是从金属矿渣中将空气除去，因而是分解反应。如果我们考虑到，当时人们知道的化学反应只有分解与结合两类，那就不难理解恩格斯所作的论断了。

燃素说认为金属不是简单物质，而是矿渣与燃素的化合物；而矿渣却是一种基本物质，是土质。氧化说则揭示：矿渣是金属与空气的化合物，而金属才是简单物质。这样，颠倒了的学说就被正立过来了：燃烧不是什么燃素的"得失"，而是物质与氧元素的结合；当可燃性物质燃烧时，它是在和氧结合，生成氧化物，同时释放出大量的热量；当物质被还原时，它就是失去氧而生成原先的物质。

拉瓦锡的"正立"工作是从两方面着手的：《燃烧通论》从正面阐述氧化说；《对燃素的沉思》则从反面讨伐燃素说，这篇战斗的檄文也写于1777年，后于1783年正式发表，拉瓦锡称它是《燃烧通论》的续篇。拉瓦锡抓住燃素说的要害——燃素概念的逻辑矛盾及燃素本身的存在问题，给予致命一击。他写道："化学家们已使燃素成了一个含糊不清的要素，它没有加以严格的定义，其结果是它竟能解释相互矛盾的所有东西。""有的时候，它具有重量，有的时候，它又没有重量了；有的时候，它是游离的火，有的时候，它却又是火和土的结合物；有的时候，它能通过容器的壁孔，有的时候，它又不能穿过；它可以立即解释碱性，却又马上可以用来解释非碱性；它可以不费气力地解释透明性，却又毫不费劲地解释不透明性；它能即刻解释有颜色，却又能同样迅速地解释无色。它真是一位名副其实、变化多端的海神——随时可以改变它的形式。"

拉瓦锡一针见血地揭露了燃素概念内涵的主观随意性，燃素说缺乏内在的逻辑一致性。他还进一步抨击了燃素本身的存在问题。他指出："在我的专题论文中，我的唯一目的是针对燃素理论提出的。我已于1777年宣布了。我在那里指出，斯塔尔的燃素是虚构的，它在金属、硫、磷以及所有可燃物体中的存在乃是一种无根据的推测，所有的燃烧和煅烧事实不用燃素比用燃素可以获得更简单和更容易的解释。""既然没有燃素学说的帮助，化学事实的解释也是足以令人满意的。仅凭这一点，认为燃素并不存在是完全可能的，燃素只是一个假想的实体和毫无理由的假定。"

▲ 拉瓦锡正在演示"空气的成分"实验

拉瓦锡的这篇批判文章对于拨乱反正发挥了重要作用。化学史家麦克基指出，它"是拉瓦锡才华的最高表现，是化学史上最珍贵的文献之一，它的巨大历史意义远远超过玻意耳的《怀疑派化学家》"。"他用化学事实的摧毁

性的烈焰击溃燃素说的捍卫者，他为自己的理论夺取了真正值得赞扬的地位。"就在《对燃素的沉思》正式发表的 1783 年，拉瓦锡夫人仪式性地焚烧了斯塔尔和燃素学者的书籍，标志被燃素说颠倒了的化学从此正立过来了。就像巴拉塞尔苏士在约两个半世纪前焚烧了中世纪那些医学权威的书籍以开辟医疗化学的时代一样。化学的新时代从此开始了。

拉瓦锡氧化假说的建立，是化学史上一次伟大革命，也是一个伟大的里程碑。它推翻了统治化学界 100 多年的燃素说，代之以科学的氧化说，从而使化学在科学的道路上勇往直前。

氧化假说的验证及发展

像科学史上任何一个伟大的科学假说一样，氧化说宣告诞生之后就开始了接受检验、完善和发展的过程。

拉瓦锡清醒地认识到，要使一个惊世骇俗的科学假说确立，不仅在于它的证据、连贯性、逻辑性，而且还要考虑社会心理、实践、新的事实等诸因素。因此，他在《对燃素的沉思》结语中写道："我并不奢望我的思想会立即被采纳；人类的心理总是倾向于一种思想方式，而那些在他们活着期间从一定观点看待自然界的人要采纳新思想是不可能的；所以，确证或抛弃我已提出的观点乃是时代的任务。"

在创立氧化假说的全过程中，拉瓦锡恪守一个公式：永远只从已知进到未知，永远只从观察到的原因归纳出特定的结果。他说："我只讲事实。"他用事实推翻了燃素说，用事实建立了氧化说。如今，他要继续用事实验证、完善新学说。他的科学座右铭是：不靠猜想，而要根据事实。他说："我们在任何情况下，都应该使我们的推理受到实验的检验，除了通过实验和观察的自然道路去寻求真理之外，别无他路"。

在事实对氧化说的检验过程中，首先遇到的是关于金属与金属氧化物溶于酸的问题。根据假说，拉瓦锡要寻找一种由氢(即一种非金属)与氧相结合而形成的酸,但是他并没能在实验中制取。氧化说因而遭到了燃素说信奉者的责难。

当时人们已经知道,一种金属如锡或者铁在酸中溶解,就放出氢而形成一种盐。这种金属的灰渣溶解于酸而形成同一种盐,却并不放出任何气体。1781年,普利斯特列曾向人们表演过一个小魔术:两个分别装有氧气和氢气的瓶子同燃烛接近时,就会发出爆炸声,吐出火苗。表演过后,瓶内总残留一些露珠。后来卡文迪什确认露珠就是水。据此,燃素说认为氢就是燃素或者是水同燃素的结合。酸使燃素从金属中释放出来但不从灰渣中释放出来,因为金属被设想是由灰渣和燃素所组成的。

▲ 卡文迪什

这样,燃素说就似乎是很合理地解释了为什么金属溶于酸会有燃素放出,而金属灰就没有。但拉瓦锡当初却不能根据他的氧化说说明这些现象。既然金属灰要比金属复杂,那么为什么金属溶于酸会放出气体,而金属灰反而没有呢?

氧化说面临着严峻的挑战。但是拉瓦锡没有却步。他决心进一步用自己的新学说作指导去探讨这个问题,他坚持要"用新的保证措施来重复所有的实验",而"把以前人们所做的一切实验看作只是建议性质的"。1783年,卡

文迪什的助手布拉格登访问巴黎,在谈话中把卡文迪什得到的 1 体积的氧同 2.02 体积的"可燃空气"(氢)结合就产生水的实验结果告诉了拉瓦锡。拉瓦锡马上同布拉格登一起粗粗地重复了这个实验,证实了英国化学家关于水的组成实验研究的主要成果。根据氧化说,拉瓦锡大胆地引出结论:所生成水的重量等于组成气体即"可燃空气"和氧的重量,水不是简单的物质,而是这两种"空气"的化合物。

这一年,拉瓦锡和默斯尼埃进行了关于水合成的进一步实验,确信无疑水是由氢和氧所组成的。这样,他就给出了金属在酸中溶解现象的氧化说的解释:溶解于稀酸液中的金属摄取了水中的氧,形成它的灰渣或氧化物,这种氧化物与酸结合而产生一种盐,同时释放出水中的氢。也就是说,拉瓦锡原先把酸看成氧化物,现在把酸看成氧化物加水,所以氢实际上来自酸。

拉瓦锡与拉普拉斯合作,进行了呼吸实验,并给出了正确解释。呼吸在于氧同有机物的成分相化合。像燃烧一样,呼吸也要释放一定热量。呼吸最基本的产物二氧化碳从有机体得到碳,从大气得到氧。拉瓦锡通过燃烧有机物,如酒精、糖、油和蜡,便得到了二氧化碳和水。这一事实进一步证实了呼吸和燃烧的相似性。事实显示了氧化说的解释力和适用范围大大优于燃素说。

随着实践的发展,氧化说在概括化学的已知事实上远比燃素说要满意得多,因此,约从 1785 年起,燃素说开始衰落,氧化说被迅速而广泛地接受。

为了使化学物质的命名适应新学说,结束现存的紊乱不堪的局面,拉瓦锡与莫尔渥、贝托雷(C. Berthollet, 1748—1822)、福克劳(A. Fourcroy, 1755—1809)经多次讨论,联合制订计划,逐步确立了新的命名法。1787 年,凝聚着这项研究成果的著作《化学命名法》在巴黎出版。

新命名法规定,每种物质必须有一个固定的名称。单质的名称必须尽量表达出它的特征,化合物的名称必须根据所含的单质表示出它的组成。书中还建议,酸类和碱类用它们所含的元素命名,盐类用构成它们的酸和碱命名,等等。这个体系语言准确,简单明了,易于表达,因此很快得到各地化学家的认可和采用。

拉瓦锡的新化学体系已日臻完善，但燃素说的一些著名人物仍在尽力修补已经百孔干疮的旧体系。拉瓦锡寄希望于青年一代化学家。他用了十余年时间，在1789年出版了标志近代化学新纪元、具有划时代意义的《化学基础》。

拉瓦锡在该书中详尽论述了推翻燃素说的各种实验依据和以氧为中心的新燃烧学说。他把元素定义为"是化学分析所能够到达的真正终极点"，并列出了被公认是第一张真正的化学元素表，对33种元素进行了简单分类。拉瓦锡确认了氧、氢、氮、碳、磷和一些金属是元素。他机智地拒绝把碱类、钾碱和钠碱等看作元素，虽然他未能分析它们。后来，当用电化学方法来研究这些物质时，证实了他的猜想，他坦率地声明，这只是一张凭经验列出的表格，还有待于新发现的事实来修正。

《化学基础》是拉瓦锡化学革命的一个总结。它在巴黎刚问世，很快就被译成荷兰文（1789）、英文（1790）、意大利文（1791）和德文（1792），受到各国化学界的重视，作为一部新化学体系的教科书，它为培养未来几代化学家奠定了基础。

不可否认，拉瓦锡终究是他所处的那个时代的人物，不可能完全摆脱当时的一些思想的束缚。氧化说作为一个科学的假说，难免存在着缺陷和不足。其中认为所有的酸都含有氧的观点和把热看作元素是最严重的两个错误。拉瓦锡把氧气的作用提高到一个不适当的地位，把一些未经实验证实的性质都归结为氧气的作用，从而得出所有的酸都是由非金属物质与氧结合而成的假设，致使对盐酸组成的错误判断。他虽然抛弃了燃素，但仍把热质作为元素，把燃素的某些特性保留在热质中。此外，他在命名的改革上也有不彻底之处。化学物质的名称虽然现代化了，但旧时炼金术的符号仍保留了下来。所有这些都有待于一代又一代化学家的不懈努力去克服和纠正。

▼ 拉瓦锡的三点启示

拉瓦锡不仅在科学领域创立了氧化学说，还在科学方法和思想上给我们

带来了三点启示。

首先，要敢于后退一步，突破框框。有些化学家，为什么"当真理碰到鼻尖上的时候，还是没有得到真理"？其中思想方法的错误和旧传统观念的束缚是最根本的原因。现在我们已经知道，能否揭开燃烧的秘密，关键是能否发现氧。其实，瑞典化学家舍勒和英国化学家普利斯特列几乎同时都独立地发现并制得了氧气，但却都没有真正认识它。1773年，舍勒在烧瓶中进行磷等物质的燃烧实验时发现了氧气，普里斯特列更是在1774年制得了氧气，但他们却都囿于"燃素说"的束缚，而没有得到正确的解释，以致尽管已经走到真理面前，却对真理视而不见。只是被错误的观点牵着鼻子跑，当然也就失去了揭开燃烧秘密的良机。

第二，要善于缜密思考，求实创新。缜密的思考研究，严格的逻辑推理，实事求是的科学态度，是拉瓦锡取得成功的关键。尽管当时"燃素说"已流传了快一个世纪，但拉瓦锡认为，当理论与实验多次发生矛盾时，他宁可相信实验而不盲从理论。正是这种认真坚持实事求是的科学态度和敢于怀疑、批判旧的传统理论的精神，以及他那过人的思考能力和超常的推理能力，终于使他找到了"燃素说"错误的根源，进而创立了具有划时代意义的"氧化说"。这使我们在认识拉瓦锡的巨大成功的同时，也认识了拉瓦锡这个思维上具有杰出才能的人。

最后，要勇于修正错误，正视真理。普利斯特里受"燃素说"影响极深，不能自拔，至死也没有接受拉瓦锡的"氧化说"。这对于一位颇有造诣与建树的著名科学家来说，是令人遗憾的。拉瓦锡在1774年真正发现了氧之后，很快就提出了他的"氧化说"的基本观点。起初，好多化学家们认为拉瓦锡的观点是荒诞的，并对拉瓦锡加以嘲笑和指责。拉瓦锡并不畏惧，一一反驳，而且越来越有力，终于迫使"燃素说"的拥护者们节节败退。正是这种勇于修正错误，以追求真理为最终目标的科学精神成就了拉瓦锡。

第六章

门捷列夫元素周期律假说

没有加倍的勤奋，就既没有才能，也没有天才！

——门捷列夫

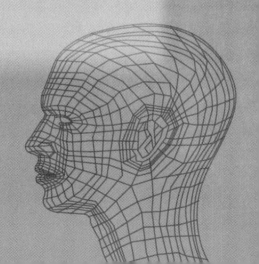

德米特里·门捷列夫（D. Mendeleev, 1834—1907），俄国化学家，发现了元素周期律，发表了世界上第一份元素周期表。门捷列夫除了完成周期律这个勋业外，还研究过气体定律、气象学、石油工业、农业化学、无烟火药、度量衡等。由于他总是夜以继日地顽强地工作着，在他研究过的这些领域中，都在不同程度上取得了成就。他的名著《化学原理》，在19世纪后期和20世纪初，被公认为国际化学界的标准著作，前后共出了八版，影响了一代又一代的化学家。

在化学教科书中，都附有一张"元素周期表"。这张表揭示了物质世界的秘密，把一些看来似乎互不相关的元素统一起来，组成了一个完整的自然体系。它的发明，是近代化学史上的一个创举，对于促进化学的发展，起了巨大的作用。看到这张表，人们便会想到它的最早发明者——门捷列夫。

元素周期表

▲ 元素周期表

　　1869 年 3 月 12 日，门捷列夫给世界各国知名的化学家分发了"依据元素的原子量和化学性质相似性的元素体系尝试"表，这是他在 3 月 1 日（俄历 2 月 17 日）编写《化学原理》教科书时做出的伟大发现。在著书过程中，门捷列夫深入探索了元素性质间的关系，对所有已知元素按原子量递增的顺序排列成表，显示出元素性质具有周期性的变化规律，预言周期表上的空缺将由未知元素来填补。他委托缩舒特金在 3 月 17 日召开的俄罗斯化学学会上宣读了论文《元素性质和原子量的关系》，该论文随后发表在《俄罗斯化学学会志》第 1 期上。这样，化学史上的一个伟大的假说——元素周期律假说就宣告诞生了。该假说揭示了各种元素之间的内在联系，为元素的研究、新元素的寻找、新材料的探索，提供了一个可遵循的道路，有力地促进了现代化学的发展。对于化学发展史上这一里程碑式的飞跃，恩格斯称门捷列夫"完成了科学上的一个勋业"。

早期元素概念的演化

　　关于元素的学说，即把元素看成构成自然界中一切实在物体的最简单的组成部分的学说，早在远古就已经产生了。不过，在古代把元素看作是物质的一种具体形式的这种近代观念并不存在。无论在我国古代的哲学中还是在印度或西方的古代哲学中，都把元素看作是抽象的、原始精神的一种表现形式，或是物质所具有的基本性质。

　　我国西周时代的《易经》中有这样几句话："易有太极，是生两仪，两仪生四象，四象生八卦。"这是一个以"太极"为中心的世界创造说。到春秋战国时代，又出现一些万物本原的论说，如《老子道德经》中写道："道生一，一生二，二生三，三生万物。"又如《管子·水地》中说："水者，何也？万物之本原也。"

　　我国的五行学说是具有实物意义的，但有时又表现为基本性质。《尚书》："五行：一曰水，二曰火，三曰木，四曰金，五曰土。水曰润下，火曰炎上，木曰曲直，金曰从革，土曰稼穑。"五行是指金木水火土，水的性质润物而向下，火

的性质燃烧而向上,木的性质可曲可直,金的性质可以熔铸改造,土的性质可以耕种收获。在稍后的《国语》中,五行较明显地表示了万物原始的概念:"夫和实生物,同则不继。以他平他谓之和,故能丰长而物生之。若以同稗同,尽乃弃矣。故先王以土与金、木、水、火杂以成百物。"也就是说,和谐才是创造事物的原则,同一是不能连续不断永远长有的。把许多不同的东西结合在一起而使它们得到平衡,这叫作和谐,所以能够使物质丰盛而成长起来。如果以相同的东西加合在一起,便会被抛弃了。所以,过去的帝王用土和金、木、水、火相互结合造成万物。

在古印度哲学家的思想中也有和我国五行相似的所谓五大,这就是公元前 7 世纪古印度学者卡皮拉(Kapila)提出来的地、水、火、风、空气。

西方自然哲学来自希腊。被尊为希腊七贤之一的唯物哲学家塔莱斯(Thales)认为组成自然界最基本的元素是水,水是万物之母,水可以组成一切。希腊最早的思想家阿那克西米尼(Anaximenes)认为组成万物的是气。哲学家色诺芬尼(Xenophanes)则提出土是万物的本原。被称为辩证法奠基人之一的赫拉克利特(Heraclitus,前 535—前 475)认为万物由火而生。古希腊的自然科学家、医生恩培多

▲ 塔莱斯

克勒(Empedocles,前 490—前 430)摆脱了"一元说"的影响,认为宇宙存在四种元素:水、气、火、土。古希腊哲学家亚里士多德(Aristotle,前 384—前 322)综合了但也歪曲了这些朴素的唯物主义的看法,提出"原性学说"。他认为自然界中是由 4 种相互对立的"基本性质"——热和冷、干和湿组成的。它们的不同组合,构成了火(热和干)、气(热和湿)、水(冷和湿)、土(冷和干)4 种元素。"基本性质"可以从原始物质中取出或放进,从而引起物质之间的相互转化。这样,宇宙的本原、世界的基础便不是物质实体,而且可以离开实物而独立存在的"性质"了,这就偏向唯心主义了。

十三四世纪，西方的炼金术士们对亚里士多德提出的元素又作了补充，增加了 3 种元素：水银、硫磺和盐。这就是炼金术士们所称的三本原。但是，他们所说的水银、硫磺、盐只是表现着物质的性质：水银——金属性质的体现物，硫黄——可燃性和非金属性质的体现物，盐——溶解性的体现物。

到 16 世纪，瑞士医生巴拉塞尔苏士把炼金术士们的三本原应用到他的医学中。他提出物质是由 3 种元素——盐（肉体）、水银（灵魂）和硫黄（精神）按不同比例组成的，疾病产生的原因是有机体中缺少了上述 3 种元素之一。为了医病，就要在人体中注入所缺少的元素。

无论是古代的自然哲学家还是炼金术士们，或是古代的医药学家们，他们对元素的理解都是通过对客观事物的观察或者是臆测。只是到了 17 世纪中叶，由于科学实验的兴起，积累了一些物质变化的实验资料，才初步从化学分析的结果去定义关于元素的概念。

1661 年英国科学家玻意耳对亚里士多德的四元素和炼金术士们的三本原表示怀疑，出版了一本《怀疑派的化学家》小册子。书中写道："现在我把元素理解为那些原始的和简单的或者完全未混合的物质。这些物质不是由其他物质所构成，也不是相互形成的，而是直接构成物体的组成成分，而它们进入物体后最终也会分解。"这样，元素的概念就表现为组成物体的原始的和简单的物质。

▲《怀疑的化学家》封面

拉瓦锡在肯定和说明究竟哪些物质是原始的和简单的时候，强调实验是十分重要的。他把那些无法再分解的物质称为简单物质，也就是元素。此后在很长的一段时期里，元素被认为是用化学方法不能再分的简单物质。这就把元素和单质两个概念混淆或等同起来了。而且，在后来的一段时期里，由于缺乏精确的实验材料，究竟哪些物质应当归属于化学元素，或者说究竟哪些物质是不能再分的简单物质，这个问题也未能获得解决。

拉瓦锡在 1789 年发表的《化学基础论》一书中列出了他制作的化学元素表，一共列举了 33 种化学元素，分为 4 类：

1. 属于气态的简单物质，可以认为是元素：光、热、氧气、氮气、氢气。

2. 能氧化和成酸的简单非金属物质：硫、磷、碳、盐酸基、氢氟酸基、硼酸基。

3. 能氧化和成盐的简单金属物质：锑、砷、银、钴、铜、锡、铁、锰、汞、钼、金、镍、铂、铅、钨、锌。

4. 能成盐的简单土质：石灰、苦土、重晶石、矾土、石英。

从这个化学元素表可以看出，拉瓦锡不仅把一些非单质列为元素，而且把光和热也当作元素了。拉瓦锡之所以把盐酸基、氢氟酸基以及硼酸基列为元素，是根据他自己创立的学说—— 一切酸中皆含有氧。盐酸，他认为是盐酸基和氧的化合物，也就是说，是一种简单物质和氧的化合物，因此盐酸基就被他认为是一种化学元素了。氢氟酸基和硼酸基也是如此。他之所以在"简单非金属物质"前加上"能氧化和成酸的"的道理也在于此。在他认为，既然能氧化，当然能成酸。

至于拉瓦锡元素表中的"土质"，在 19 世纪以前，被当时的化学研究者们认为是元素，是不能再分的简单物质。"土质"在当时表示具有这样一些共同性质的简单物质，如具有碱性，加热时不易熔化，也不发生化学变化，几乎不溶解于水，与酸相遇不产生气泡。这样，石灰（氧化钙）就是一种土质，重晶石——氧化钡，苦土——氧化镁，石英——氧化硅，矾土——氧化铝，在今天它们是属于碱土族元素或土族元素的氧化物，这个"土"字也就由此而来。

19 世纪初，道尔顿创立了科学的原子学说，并着手测定原子量，化学元素的概念开始和物质组成的原子量联系起来。元素是由非常微小、不可再分的微粒——原子组成，原子在一切化学变化中不再分；同一元素所有原子的质量、性质都完全相同，原子质量是每一种元素的基本特征。

1841 年，贝采利乌斯根据已经发现的一些元素，如硫、磷能以不同的形式存在的事实，硫有菱形硫、单斜硫，磷有白磷和红磷，创立了同（元）素异形体的概念,即相同的元素能形成不同的单质。这就表明元素和单质的概念是有区别的,不相同的。

从普劳特假说到"八音律"

在 18 世纪中叶到 19 世纪中叶的百年间,无机化学有了很大的发展,并使化学进入了一个崭新的发展时期。这一时期,化学家们比较系统地分析了当时人们能够取得的一些物质,辨析出一系列全新的物质存在形式——新元素。化学分析方法的也取得了巨大进步,电学的发展为元素的发现和分解以及化学分析提供了全新的手段。

1807 年,英国化学家戴维(H. Davy,1778—1829)发现了钾和钠。他是利用强大的电堆电解了熔融状态下的苛性碱而获得的。钾和钠作为金属元素,能在常温下和水发生剧烈反应,如此活泼的性质让人大吃一惊。后来人们又用类似的方法制得了钙、镁、锶和钡等活泼金属元素,由此形成了元素发现的高潮。

1844 年又发现了钌,此后大约有 15 年的时间没有发现新的元素。1860年,德国化学家本生(R. Bunsen,1811—1899)在分析矿泉水中的盐分时利用火焰的颜色来鉴别这些盐的种类,他发明了本生灯。后来他和基尔霍夫(G. Kirchhoff,1824—1887)合作研制成功了第一台光谱分析仪,开创了光谱分析的新时代。他们通过分析光谱发现了铯和铷,后来又发现了铟和铊等。

到 1869 年,人们先后共发现了 63 种化学元素。但是,对这些元素的分类以及它们之间的相互联系尚缺乏研究。一个又一个的化学元素构成了一个巨大的迷宫,让化学家们感到困惑。一开始,他们还为新元素的发现而激动,但随着元素的日益增多,他们又感到眼花缭乱,无章可循了。他们首先遇到的就是元素分类的麻烦;其次是关于原子量的测定还处于一片混乱之中,让人感到莫衷一是。

其实,早在 18 世纪,由于元素日益不断增多,化学家就开始着手进行元素的分类工作。第一个对元素进行科学分类研究的是法国著名化学家拉瓦锡。他将当时所认识的33种元素分为四类：金属、非金属、气体和土质。显然，拉瓦锡的分类法是直观的，并未能触及元素间的内在联系。

1815年，英国医生普劳特（W. Prout，1785—1850）发现，当时测定的原子量都近似整数。因此，若以氢的原子量为1个单位，那么所有元素的原子量恰为氢原子量的整数倍，由此他提出一切元素的原子都是由氢原子组成的假说。可是后来人们发现氯的原子量是34.45，所以这个假说未被接受。但他认为原子有其内部组成，各元素之间相互联系的思想则是合理的。

1829年，德国化学家德贝莱纳（J. Dobereiner，1780—1849）通过系统地研究当时发现的54种化学元素，发现在元素群中存在着性质类似的几个元素组，并将其命名为"三元素组"。它们分别是：①锂、钠、钾；②钙、锶、钡；③氯、溴、碘；④硫、硒、碲；⑤锰、铬、铁。每一组元素的性质相似，中间元素的原子量等于前后两元素原子量的平均值。他第一次把元素的性质同原子量联系起来，提出了一条研究化学元素间相互关系的正确途径。此后提出的元素分类法不下50种，如1850年，德国药物学家培顿科弗提出，相似元素原子量之差常为8或8的倍数。1854年，美国化学家库克（J. Cook，1827—1894）把化学元素分成六类。1857年，英国化学家欧德林（W. Odling，1829—1921）曾把化学元素分成13类。

1862年，法国化学家尚古多（B. Chancourois，1820—1886）提出了关于元素的性质就是数的变化的论点，创造了一个"螺旋图"。他将62个元素按原子量的大小顺序标在绕着圆柱体上升的螺线上，这样就可清楚地看出某些性质相似的元素都出现在同一条母线上。尚古多的螺旋图初步提出了元素性质的周期性，向揭示周期律迈出了一大步。

1864年，德国化学家迈尔（J. L. Meyer，1830—1895）在他的《现代化学理论》一书中刊出了一个"六元素表"。表中按原子量递增顺序列出六个主族元素，表现出清晰的周期性质，并且也留下了尚未被发现的元素的空位。然而表中所排列的元素还不到当时已知元素的一半。

1865 年，英国的纽兰兹（J. Newlands, 1837—1898）提出了"八音律"。纽兰兹是一位工业化学家，他在按照原子量排列元素的顺序时，发现从一指定的元素开始，第八个元素是第一个元素的某种重复，就像音乐中的八度音程的第八个音符一样，他称这一现象为"八音律"。当他在伦敦化学会议上宣读论文时，竟引起人们的嘲笑。学会会长富斯德挖苦说："为什么不按元素的字母顺序排列呢？那样也会得到相同的结果。"

▲ 纽兰兹

从"三元素组"到"八音律"，人们已经开始将各种庞杂的关于元素的知识进行总结和归纳，试图理出一个头绪。虽然这些有价值的探索，并未在当时的科学界得到公认，仍然很混乱很模糊，但他们在一步步地揭示元素之间内在的本质的联系，为创立周期律假说开辟了道路。

从今天的观点来看，当时的探索存在两方面缺陷。一方面，未能找到具有强大说服力的内在逻辑严谨清晰的结论。尽管这些工作对部分元素颇为有效，但在整体上却缺乏必然性的联系，而这正是建立周期系统的关键所在。另一方面，由于受形而上学自然观的束缚，许多化学家热衷于埋头盲目地摸索，对理论思维缺乏自觉性。在他们面前大量的经验、事实显得杂乱无章，让人眼花缭乱。尤其是原子量的测定标准不一，更使他们有点丈二金刚摸不着头脑。道尔顿提出的第一张原子量表，是以氢的原子量作为标准的。贝采利乌斯则以氧为 100 作为计算其他原子量的标准。当时，化学界经常修改元素的原子量。今天是 24，明天可能就是 48，后天又完全可能是 72，叫人无所适从。

这些化学家在处理化学元素及其关系时就感到十分头痛，他们盼望着有一个明确的说法。当时，化学界的这种状况使人想起古希腊的神话故事。克里米特王米诺斯有一个女儿叫阿莉阿德尼，她出于爱心曾用小小的线团帮助勇士提修斯，使他在杀死怪物米诺托之后成功地逃出迷宫。化学元素周期律的科学假说，就如同阿莉阿德尼的线团一样将引导化学家走出元素的迷宫。

周期律假说的形成

关于门捷列夫元素周期律假说这一近代科学史上的重大事件,早就有过种种动人的传说,正如传说中的牛顿因看到苹果落地触动了他的灵感而发现了万有引力定律一样,元素周期律也被描写为门捷列夫是在一次玩扑克牌时突然闪现在他的脑海之中的。但是科学史告诉我们,牛顿从苹果落地到引力假说的形成,其间经历了 20 年的沉思。同样,门捷列夫在一次回答一位采访者时说:"这个问题我大约考虑了 20 年。"

门捷列夫曾对他儿子说过:"我在那时候,在求学时代,已经感到应该有一种把元素的原子量与其特性联系起来的广泛概括。"他是 1849 年进入圣彼得堡中央师范学院自然科学系的。大学期间刻苦攻读化学和物理学,接受过"俄罗斯化学之父"沃斯克列先斯基的教诲。从听课笔记中我们可以发现,这位未来的大师已经注意到原子量的概念问题。他的毕业论文是《论同晶现象与结晶形状及其组成的其他关系》,这一研究孕育着周期律的胚胎,从中可以清楚地看到各种不同元素的某些原子之间存在着相似性。

与此同时,门捷列夫开始系统地研究了物质的比重,从而发现了相似的元素化合物之间的体积关系。这里也孕育着后来把原子体积作为表述周期律的胚胎。1857 年初,门捷列夫成为圣彼得堡大学的副教授。不久去法国和德国深造,对毛细现象的研究促使这位年轻的科学家继续对各元素的相互关系进行深思。

1860 年,门捷列夫参加了具有历史意义的卡尔斯鲁厄国际化学会议。化学界正处于一种混乱状态之中,化合物的化学式五花八门,严重阻碍了国际化学界的交流和推进。HO 既可以代表水,又可以代表过氧化氢;CH_2 可以代表甲烷,又可以代表乙烯;连一个简单的有机物醋酸 CH_3COOH 竟有 19 种不同的化学式!化学界普遍希望能在这次国际化学会议上解决这种混乱局面。一位不出名的意大利化学家,向参加会议的各国化学家会下散发了一本名叫

《化学哲学教程提要》的小册子，这本小册子使一团混乱使得局面豁然明朗，很快统一了大家混乱不堪的认识。化学家们终于明白：承认阿伏加德罗（A. Avogadro，1776—1856）的分子假说，是扭转这一混乱局面的唯一钥匙。这本小册子的作者就是意大利化学家康尼查罗，他在书里指出："只要我们把分子和原子区别开来，那么，阿伏加德罗的分子论就和已知事实毫无矛盾。"门捷列夫后来曾经说过："周期律的思想出现的决定时刻在1860年，那年我参加了卡尔斯鲁厄会议。在会上我聆听了意大利化学家康尼查罗的演讲，他强调的原子量给我很大的启示。当时，一种元素的性质随原子量递增而呈现周期性变化的基本思想，冲击了我。"

1865年秋，他正式被任命为彼得堡大学的化学教授。他博学多才，讲课风趣横生，在俄国首屈一指，在欧洲也属佼佼者之列。大量学术著作的发表，使他的声望大大超出了学术界的范围，工业巨头也常来向他请教。他既编《技术百科辞典》，又在三个学院讲课，还撰写关于玻璃生产的论文，进行土地肥力的实验，并指导农民使用化肥。他继续撰写化学教程和教科书。在此期间他的代表性成果是出版了《有机化学》。在该书中，他主张将容易混同的两个概念"体"（bodies，在描述单体和复合体时使用）和官能团（radical）加以区分。这个观点被视为他后面提出将单体和元素的概念区别开来这一重要思想的萌芽。

但对门捷列夫来说，最重要的还是准备无机化学讲义。这是因为，当时这门学科的俄文教材都已陈旧，外文教科书也不适应新的要求。门捷列夫尤其痛感因化学研究状况给教学带来的不良后果，全部关于化学元素的知识，无法像数学、物理那样，将其内容按清晰可靠的线索贯穿起来，给予具有内在逻辑的系统描述。从1868年至1870年，他完成了《化学原理》，这是俄国有史以来最好的化学著作之一，在世界上也是一部最不同凡响的著作。该书脚注所占的篇幅与正文差不多。他自己曾说："《化学原理》是我心血的结晶，其中有我的形象，我的教学经验和我真挚的科学思想。"正是撰写这部教材过程中，门捷列夫作出了周期表的伟大发现，进而在两年间逐步形成了关于周期

律的完整假说。

1869 年 3 月 1 日清晨，门捷列夫独自在办公室进早餐，他的思路集中在一个悬而未决的问题上：写完《化学原理》碱金属这章之后究竟应该写什么元素才合适呢？按原计划，接下去是碱土金属元素。这样写的依据是什么？这是一个使他备受折磨且尚不能回答的问题。

这时，他脑海中闪现出一条思路：是否可以把不同族的元素在原子量方面的差别当作寻找分类方法的理由，并以此为依据把所有的元素组归纳到一个总系统中去。门捷列夫写道："……当我在考虑物质时，……总不能避开两个问题：物质有多少和物质是怎样的。就是说，有两个概念，物质的质量和化学性质，……我相信物质质量的永恒性，也相信化学性质的永恒性。因此，自然而然地产生出这样的思想：在元素的质量与化学性质之间一定存在着某种联系。"他就以这个一般原则为指引，具体地考察了当时所知的各种元素，分析了在他以前的各种元素分类方法，经过反复的比较与综合，终于排出了他的第一张周期表（见下页表）。最后，门捷列夫给这张元素表冠以"依据元素的原子量和化学性质相似性的元素体系尝试"的标题。

门捷列夫发现元素周期律的"伟大的一天"，是他在近 20 年的研究生涯中长期积累所达成的结果。这个结果的产生，不仅有着化学发展历史的广阔背景，而且多少也体现了俄罗斯这一后进国度中化学研究的本土性与特殊性。可以说，正是俄罗斯的化学研究在整个欧洲所处的"边缘性"保证了门捷列夫的研究工作的大胆性，而门捷列夫在俄罗斯国内化学家集团中的"中心性"，又使得他在欧洲学界被视为局外人的工作在本国受到了高度重视俄罗斯的化学家支持并高度评价了门捷列夫的研究，从而使这看似边缘性的研究成果得到了很快的普及和发展。因此可以说，是化学的理论概念与从事研究所处的社会状况的相互吻合，最终导致了门捷列夫的划时代的伟大发现。

随后的十余天，门捷列夫一鼓作气撰写了他的第一篇关于元素周期律假说的论文，题为"元素性质和原子量的相互关系"，及时地把他的发现上升为科学的假说。其基本论点是：

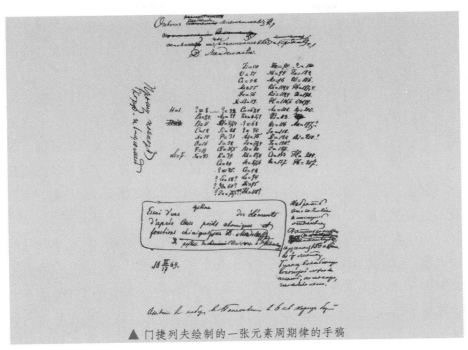

▲ 门捷列夫绘制的一张元素周期律的手稿

　　第一，"按照原子量的大小排列起来的元素，在性质上呈现明显的周期性"。

　　第二，"原子量的大小决定元素的特征，正像质点的大小决定复杂物质的性质一样"。

　　第三，"元素的某些同类元素将按它们原子量的大小而被发现"。

　　第四，"当我们知道了某元素的同类元素以后，有时可以修正该元素的原子量"。

　　在第一张元素周期表中，门捷列夫把已发现的 63 个元素都列入其中，初步实现了元素的系统化的任务。由于当时测得的镍和钴的原子量都是 59，所以只好把这两个元素放在同一个位置上。这样，63 个元素只占据了 62 个位置。在周期表中共有 66 个位置，尚有 4 个空位只有原子量而没有元素名称。门捷列夫预言，必有这种原子量的未知元素存在。在表中，他还对铟、碲、金和铋 4 种元素的原子量表示怀疑。

门捷列夫成功创作元素周期的原因在于,他确信原子量是元素的根本属性。在将自己做成的周期表的清样送印刷厂后,门捷列夫在他论述这一伟大发现的第一篇论文中这样谈论原子量:"处于游离状态的单体的性质尽管会发生种种变化,但其中某种东西是不变的,在元素向化合物发生转变时,这个某种东西,亦即物质性的东西构成了包含这一元素的化合物的特性。在这个意义上,到目前为止,已知元素的数值性的依据不是别的,正是元素所固有的原子量。原子量的大小,从其本性说来,不仅是关系到各个单体的状态的数据,而且是关系到游离的单体和其他所有化合物的共同物质性的依据。原子量不是炭或金刚石,而是碳素的属性。"

门捷列夫的工作并未得到一呼百应的欢呼、赞赏和接受。从德贝莱纳到纽兰兹,人们试图从杂乱无章的元素中理出一个头绪来,他们的尝试普遍受到怀疑,门捷列夫的遭遇也是如此。他所尊敬的权威沃斯克列先教基和齐宁训斥他"不务正业",周期律假说提出后,齐宁还训诫他:"到了干正事,在化学方面做些工作的时候了。"但是门捷列夫怀着揭示真理的坚定信念,继续勇往直前。

周期律进一步完善

门捷列夫感到表中元素的排列还不完善。他认为,在许多情况下原子量的测定不准确,以致有些元素没有排到与其性质相符的位置上。他以自己的假说为依据,改变了一些元素的原子量,把它们排在性质与其相近的元素行列中。各种学术杂志上发表的关于某些化合物的性质和组成的材料经常相互矛盾。为了取得确切的结论,门捷列夫亲自进行实验。到1869年年底,他积累了足够多的关于元素氧化物的组成和性质的材料。他向俄国化学学会报告了自己的探索结果。通过这些扎实的研究,元素的系统性更清晰了,周期律假说有了更坚实的基础。

1870年,门捷列夫发表了重要论文《化学元素的周期规律》和《元素的自然系统及其应用于预测某些未知元素的性质》，文中他对元素周期律和周期系有关的所有发现进行了总结。他预言并详细描述了当时尚未发现的 3 种元素——类硼、类铝和类硅的性质。这预言同样受到相当大的怀疑，被认为是典型的俄国神秘主义的论调。也有人把门捷列夫的工作视为是欧德林与迈尔的老调重弹。过去的确发表过类似的周期表，但它们是根据纯形式主义原则编制的，只是为了便于研究而根据它们的近似性分了一下类。而门捷列夫却大胆地提出了周期律的科学假说。"敢于预测未知元素的特性，改变'公认的原子量'，或一般说来，把周期律认作是一个自然界中结构严密的新定律，它能够把散乱的材料归纳起来。"

门捷列夫不顾名家与同行的反对和指责，潜心完善周期律假说。从 1870 年到 1871 年，他修订了周期表，引进了元素的族、列和周期的概念，将元素的系统称为周期系，使元素周期系的结构更趋合理，初具现代元素周期系的轮廓。1871 年，他在以"化学元素的周期规律性"为题，发表了第二个化学元素周期表，并将元素周期律定义为："元素以及由元素形成的单质和化合物的性质周期地随其原子量而改变。"

门捷列夫预言的证实

门捷列夫不仅充分认识到科学假说所具有的预见性，满怀信心地预言了新元素的存在及其性质，能动地改正了一些元素的原子量，而且他非常清楚，预言的证实对于验证假说的重要作用。他说："要证实一个定律，只有靠那些从这个定律里引出来的推论。"在 1871 年发表的著名论文中，他写道："如果在所期望的元素中，纵然只有一个确然被发现了，同时它的性质就是根据自然系统的比较可以想象到的那些性质，那么这个论题的理论方面就有了很大的收获。"

门捷列夫的科学目光是深邃的，没有哪一位从事周期律探索的化学家能像他那样作出未知元素的预言，正如他所说："尚古多和纽兰兹是站在走向周期律道路上所有人的前面，他们所缺乏的只是把事情放到可看见规律和规律对事实反射的应有高度的判断。"门捷列夫科学预言的证实也是最富于戏剧性的。如果说，周期表的诞生除了带来一些冷漠与嘲笑，其他并没有引起什么大反响的话，那么，新元素预言的证实却震撼了整个科学界！

门捷列夫已经学会了耐心等待。他明白，也许要过好多年，也许他甚至活不到这个伟大日子的到来。然而，奇迹终于出现了！

1875年秋季的一天，门捷列夫翻阅法国科学院院报时，看到一篇关于布瓦博德朗（P. de Boisbaudran，1838—1912）发现一种新元素镓的文章。他一口气读完全文，确信镓就是他在1869年预言的类铝。他写信给布瓦博德朗，指出镓的比重不应该是4.7，而应是5.9~6。

布瓦博德朗迷惑了，只有他才是唯一手中握有镓的人，门捷列夫为什么自信地断定他不对呢？经过更准确的测量，结果确为5.94。布瓦博朗德此时更是惊讶不已。在读了门捷列夫周期律的论文之后，他才完全理解了自己的发现的意义：用实验方法证实了俄国科学家六年前所作的预言，从而检验了周期律假说的科学性。后来他在论文中写道："我以为没有必要再来说明门捷列夫这一理论的巨大意义了。"化学史家说，镓的发现，是门捷列夫的元素周期律体系的就任仪式。

在给布瓦博德朗发信的同时，门捷列夫还给法国科学院学报编辑部寄去了论文《关于镓的发现杂记》。科学家们对周期律假说刮目相看。他们开始探索门捷列夫预言的尚未被发现的元素。欧洲数十个实验室在紧张地工作着，数以百计的科学家渴望获得不寻常的发现。

4年之后，门捷列夫预言的"类硼"又被瑞典乌普萨拉大学教授尼尔森（L. F. Nilson，1840—1899）发现了，周期律假说再次得到了证实。被尼尔森命名为钪的新元素，它的一切特征几乎与"类硼"完全符合。这是又一项真正的胜利，门捷列夫的成就得到了世界的公认。他写道："8年前，当我首次描述当时尚未发现的元素的性质时，我并没有想到我能活到它们被发现以及周期律的正确性得到实际证实的这一天。现在，当这些预言再次得到证实时，我可以大胆而自豪地说,周期律是普遍适用的。"

　　的确,科学的假说不仅具有预见性,并且具有普遍性。1886年,德国化学家文克勒(C. A. Winkler,1838—1904)又发现了锗,其性质也正好与门捷列夫预言的元素"类硅"是一致的。文克勒赞叹道:"再也没有比'类硅'的发现能这样好地证明元素周期律的正确性了,它不仅证明了这个有胆略的理论,它还扩大了人们在化学方面的眼界,而且在认识领域里也迈进了一步。"

　　门捷列夫的预言相继被证实,周期律确立了不可动摇的地位。人们为门捷列夫的成功欢呼。可是,门捷列夫谦逊地说,这三种元素的发现者布瓦博德朗、尼尔森和文克勒也是元素周期律的确定者。

　　下面是门捷列夫的预言与新元素各种特性的对比:

门捷列夫预言的类铝	布瓦博德朗发现的镓
原子量约为 68	原子量为 69.9
金属	金属
比重 5.9~6.0	比重 5.94
氧化物比重 5.5	氧化物比重 5.49
盐类是碱式盐	其盐类属碱式盐
将被分光分析法发现	通过分光镜发现
门捷列夫预言的类硼	尼尔森发现的钪
原子量为 44	原子量为 43.79
氧化物比重 3.5	氧化物比重 3.86
硫酸盐 $Eb_2(SO_4)_2$	硫酸钪 $Sc_2(SO_4)_3$
门捷列夫预言的类硅	文克勒发表的锗
原子量为 72	原子量为 72.6
比重大约 5.5	比重大约 5.35

金属	金属
氧化物比重 4.7	氧化物比重 4.703
氯化物比重 1.9	氯化物比重 1.887
沸点<100℃	沸点 86℃

　　化学发展同样以无可辩驳的事实证实了门捷列夫对一些化学元素原子量修订的正确性。以铟（In）为例。德国利赫杰尔和莱克斯 1863 年发现铟时认定它是 2 价元素，原子量为 75.6，应排在砷（As75）与硒（Se79.4）之间。但从周期表上看，砷和硒是连接的，其间不应有空位。门捷列夫又从氧化铟与氧化铝的性质相类似推断铟是 3 价的，原子量应为 113.4。于是很恰当地排在镉（Cd）和锡（Sn）间的空位中，其性质也与该位置相符。对这种修改，迈尔不以为然；有人还说门捷列夫自己不做实验就来修改原子量，是"天大的笑话"。可是，后来根据金属铟的比热为 0.056，证明了铟的原子量约为 6.4/0.056 = 114.3。

　　再以铀（U）为例。当时误认为是 3 价元素，其原子量为 116。但门捷列夫根据铀的氧化物与铬（Cr）、钼（Mo）、钨（W）的氧化物相似，这 4 种元素的单质性质也相近，判断它们应当属于同一族，铀应为 6 价。于是把铀的原子量改正为 240。这一数值与现代所测数值 238.07 是大致相符的。

　　到 1940 年，门捷列夫所预言的 11 种元素，对 9 种元素原子量所作的修改，都被证明是正确的。

　　1889 年门捷列夫在英国化学学会上以十分欣慰的心情说："在周期律发现以前，元素只是显示着一些孤立的、偶然的自然现象；我们没有方法来预知任何新的东西。因此，一切新发现就完全都是一些不速之客。周期定律第一次使我们有可能看到还没有发现的元素，而且在新元素还没有发现之前就已经能描画出它们的许多特性来，这是没有被这一定律武装起来的化学观点到现在还不能够做到的。"

周期律从假说到理论的发展

门捷列夫自排出元素周期表后,一面使周期系完善化,形成科学的假说,一面试图进一步发展假说。把它提高到普遍规律的高度。他比任何人都看得更清楚。周期律假说还存在不少问题,远非十全十美,如碲(128)和碘(127)等为什么要颠倒排列? 稀土元素的数目到底有多少? 它们在表中的位置应如何排列? 元素的性质随原子量的增加呈周期性递变的原因何在? 等等,这些都是悬而未决的问题。他指出:"搜集事实和假设还不是科学,它只是科学的初阶,但不通过这个初阶,就无法直接进入科学的殿堂。"

人们常说,科学研究主要有三种区别较大的层次。首先是科学现象的研究。通过科学实验人们所遇到的东西几乎都是科学现象。它们杂乱无章、让人眼花缭乱。大量元素出现的时代就是如此。这个阶段可以称为现象学研究阶段。其次是一般本质的研究。研究者借助科学假说,将科学现象进行相互联系,找到了一般性的本质。门捷列夫发表关于元素周期律的科学研究报告时,就是处于这种状态。这个阶段可以称为本质学研究阶段。第三是普遍规律的研究阶段。科学研究进入这一阶段就出现了居高临下、豁然开朗的状况。通过对一般物质属性的认识,到达对物质普遍本质的认识。这个阶段可以称为规律学研究阶段。虽然,门捷列夫最终并未进入这一阶段。但他始终是以这一最高阶段为目标的。

早在《化学原理》第1版(1869—1871)时,门捷列夫就认识到:元素周期律"表面看来虽然很简单,可是现在还没有可能明确提出任何一种假设,来解释这个周期律"。当时,为了解决这个问题,在门捷列夫面前存在着两条途径,一是揭示原子内部构造的秘密,从中探寻元素性质周期性变化的答案;二是揭示决定元素性质的质量的实质是什么。门捷列夫曾寄希望于第一途径,直接导致问题的解决。他说:"很容易假设单质的原子都是一些复杂的构造,都是由几种更小的粒子所合成,而我们所谓不可分的东西(原子)只是不能用普通的化学力来分,正和微粒(分子)不能在普通条件下用物理力来分是一样的。但是这个假设,现在还不能证实。……不过,尽管它还没有证据,站不住脚,我们的头脑在和化学打交道时,还是会不由自主地向往它。"直到 1898 年,门捷列夫在《银中金》一文中仍提到:"我个人,作为发现化学元素周期律的参加者,对于出席检查元素转变的证据是极感兴趣的,因为那时候,我就有希望发现和明白周期律的原因了。"

在 19 世纪,科学研究尚未深入到原子内部,因此探寻周期律原因的这条道路没有打通。门捷列夫又试图从原子量入手。他说:"我脑子里老早就有一个钟爱的念头,要运用不朽的牛顿第三定律(这条定律说:两个物体间互相作用的力,大小相等,方向相反),来理解化学变化的机制。"不仅如此,门捷列夫还指出,牛顿的定律虽然在运用到大尺度范围经受住了千百次考验,但至今尚未有人用它来解释原子世界发生的种种现象。而他正是尝试把万有引力定律运用到原子世界去的第一个人。

因此,门捷列夫把质量问题作为他首先要解决的问题。质量同重量相联系,重量就是引力,可以从化学力学的角度来说明周期律的本质。他说,引力概念产生已有两个世纪了,但引力的原因还不清楚。而为了要弄清什么是引力,就要研究以太。为此他研究了牛顿的以太,称其为"牛顿素"。他说:"在理解质量前,应当真正清楚地理解以太。"他在 20 世纪初发表了以太的化学学说,认为以太是一个具有化学性质、原子量极小的元素。可是,他遇到了重重困难。

他承认:"在既不了解引力和质量的原因,也不了解元素的本性的情况下,我们不知道周期律的原因,这是毫不足怪的。"但是,正如他在 1884 年所说:"就像不知道万有引力的原因还是可以利用万有引力一样,化学上发现的那些定律,尽管还没有求得解释,也可以用来达到化学上的目的。"

晚年的门捷列夫虽然主观上仍竭尽全力想把科学推向前进,但终因受形而上学的束缚,思想日趋保守,致使他未能进一步揭示元素周期律的实质。从科学思想方法看,正如原苏联学者布罗茨基所评论的:"如果说门捷列夫在创作道路的开始，要求以广泛的物理观点来解释化学问题，那么晚年在解决广泛的物理问题上他开始捍卫的，仅仅是化学观点。因此，这种与科学发展中的进步趋向背道而驰的企图没有得到成功，是很自然的。"

　　科学地阐释周期律的本质，将它上升为科学理论，并不断推向前进的使命又肩负在新一代科学家身上。从 19 世纪末以来的整整百年当中，周期律从两方面获得了突飞猛进。一是从内涵上，元素特征由"位置"转向"结构"，对元素性质的解释从力学转向量子论；理论基础由原子分子论转移到电子论。二是从外延上，周期表得到进一步扩展，达到了前所未有的程度，这主要是得助于同位素的发现和位移法则、放射性元素衰变理论的提出，中子的发现和重元素的核裂变，轻元素的聚变规律的揭示。具体来说，周期律经历了四次大的发展。

▲ 拉姆塞

　　周期律的第一次大发展是新的"0"族惰性气体的发现。1894 年，英国化学家拉姆塞（W. Ramsay，1852—1916）与物理学家瑞利（J. Rayleigh，1842—1919）发现了惰性气体氩。氩的原子量是 39.9，应该排在钾（39.1）和钙（40.1）之间，但这里没有留下空位。这一新发现与已确立的周期表发生了抵触。当时有人提出，不要拘泥于原子量大小的次序，把氩排到钾的前面。也有些人在新出现的矛盾面前，竟然无视客观事实，认为氩和后来发现的氦不是化学元素，而是气体混合物，企图以此自圆其说。

▲ 瑞　利

　　1895 年，拉姆塞又发现了另一种惰性气体氦。由于氩和氦的性质很相似，又与周期表中已发现的其他元素的性质相差很大，因此使人们设想氦和氩可能是另一族元素，这就使周期表又增添了一个新的"0"族。新的空位又促进了其他惰性气体的发现。拉姆塞于 1898 年又发现了氖、氪和氙。1900 年道纳发现了氦。这些新成果形成了周期律发展史上的第一次飞跃。

　　周期律的第二次大发展是原子核电荷数的研究科学地解释了元素在周期表中的排列顺序问题。1911年，英国物理学家卢瑟福(E. Rutherford, 1871—1937)等人根据α粒子被金属散射的实验结果，提出原子有核的概念和散射公式，通过散射公式可以计算出元素的核电荷数。求出的轻元素的核电荷数恰好为该元素在周期表中的序数。

▲ 卢瑟福

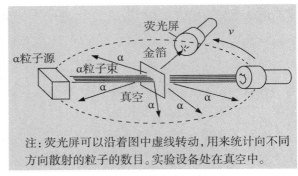

注：荧光屏可以沿着图中虚线转动，用来统计向不同方向散射的粒子的数目。实验设备处在真空中。

▲ α粒子散射实验示意图

　　1913年，卢瑟福的学生莫斯莱(H. Moseley, 1887—1915)进一步发现，各种元素所产生的特征X射线的波长，其顺序恰好与元素在周期表的次序一致。他把这次序命名为元素的原子序数。他的结论是："在原子中，存在着一个会随着一种元素转变为下一种元素而递增的基本的量。这个量只能是原子核中的电荷……我们经过实验认为……电荷的数量与该元素在周期表中所占的序数是相同的。例如氢的原子序数是1(周期表中第1位)，氦是2(周期表中第2位)，锂是3(周期表中第3位)，……锌是30，等等。"这样，元素周期律就赋予了新的含义：元素性质是其原子序数的周期函数。也就是说，决定元素基本化学性质的是原子序数，而不是原子量。门捷列夫周期表中，按原子量递增的顺序，氩与钾、镍与钴、碲与碘等的位置是颠倒的，现在，按原子序数排列就不存在这一问题了。原子序数的测定能更准确地判定元素在周期表中的位置，因而可以预测尚未发现的元素。1916年德国的柯塞尔把原子序数写进周期表，代替了门捷列夫的原子量。

周期律的第三次大发展主要归功于丹麦物理学家玻尔(N. Bohr, 1885—1962)的原子结构理论(1913年)和奥地利物理学家泡利(W. Pauli, 1900—1958)的不相容原理(1925年)。玻尔根据普朗克的量子理论,提出了由不同电子层围绕中心核的原子模型,并指出最外层的电子数决定该元素的化学性质。索末菲发展了玻尔的思想,于 1916 年提出了轨道分层理论,并引用了轨道在电磁场中量子化取向的概念。泡利不相容原理,是说在同一原子中,不能有两个或更

▲ 玻　尔

多个电子共处于同一量子状态,规定了每个分层中的最高电子数,确立了每个电子在原子中的状态被 4 个量子数描述。量子力学的发展,进一步详细地阐明了原子中电子的层状结构。这就揭示了:元素性质呈周期性变化的原因是由于原子的电子层结构呈周期性的变化。

周期律的第四次大发展是 20 世纪 30 年代以来,从第 1 号元素氢到 92 号元素铀所组成的元素周期表中最后 4 个不稳定元素的发现以及 92 号之后超铀元素的发现。

1919 年,卢瑟福发明了用粒子轰击原子核、转变合成新元素的方法。此后人们运用这种方法,研制出各种能量的粒子加速器,合成了一系列新的元素。

元素周期表上的第 43 号元素锝是人们制成的第一个人造元素,是在 1937 年用能量约 800 万电子伏特的重氢核轰击钼获得的。

紧接着 61 号、85 号、87 号元素也相继获得。

1939 年,人们在铀裂变的产物中发现了 86 号元素钫。

1940 年,用 a 粒子轰击铋获得了 85 号放射性元素砹。

同年,由麦克米伦(E. M. McMillan)和艾贝尔森(P. H. Abelson)用中子轰击铀获得了被命名为镎的 93 号元素。这是第一个超铀元素。

到 1945 年,终于将周期表中最后一个未被发现的元素——61 号元素钜

从铀的裂变产物中分离了出来。

20 世纪 40—50 年代之间，人们先后合成的超铀元素还有 94 号钚、95 号镅、96 号锔、97 号锫和 98 号锎。

20 世纪 50 年代，又合成了 99 号元素锿，100 号元素镄，101 号元素钔和 102 号元素锘。在人们命名 101 号元素时，为了纪念门捷列夫的伟大贡献，特意以门捷列夫的名字命名它，中文简称"钔"。60 年代又合成了 103 号元素铹和 104 号元素。从 20 世纪 70 年代到 80 年代初，先后合成了原子序数为 105、106、107、108、109 号元素。科学家们发现，原子量或原子序数越大，元素就越不稳定，几乎不能独立存在。那么，根据元素周期律，人们还能找到更大原子序数的新元素吗？这实际上又成了化学与原子物理学研究中的一个难题。

随着对放射性同位素的深入研究及核物理学的进展，科学家又提出超重核稳定岛的假设，认为有可能存在着原子序数更大的超重元素。这个假说还有待今后科学实践的验证。

现在据报道，在一些特种物质（如独居石、陨石等）中已查明存在着 116 号、126 号、128 号元素等。它们将继续充填未来的新的元素周期律表，同时给人们带来更多的希望。

第七章

达尔文进化学说

乐观是希望的明灯，它指引着你从危险峡谷中步向坦途，使你得到新的生命新的希望，支持着你的理想永不泯灭。

——达尔文

查尔斯·罗伯特·达尔文(C.R.Darwin,1809—1882),生于英国斯茹兹伯利,生物学家、进化论的奠基人,其"进化论"被恩格斯列为19世纪自然科学的三大发现之一。达尔文大学毕业后,乘贝格尔号舰作了历时5年的环球航行,对动植物和地质结构等进行了大量的观察和采集。后来,他出版了《物种起源》这一划时代的著作,提出了生物进化论学说,从而推翻了各种唯心的神造论和物种不变论。除了生物学外,他的理论对人类学、心理学及哲学的发展都有不容忽视的影响。1996年,罗马教皇约翰·保罗二世致函教廷科学院全体会议说"(天主教的)信仰并不反对生物进化论","新知识使人们承认,进化论不仅仅是一种假设","事实上,由于各学科的一系列发现,这一理论已被科学家普遍接受"。至此,教廷事实上已经被迫放弃了"上帝创造世界和人类始祖"的教条。

1859年11月24日,英国生物学家达尔文出版了震撼世界的著作——《通过自然选择即在生存斗争中适者生存的物种起源》,通常简称为《物种起源》。在这部著作中,达尔文依据他提出的自然选择假说,第一次令人信服地说明了物种的起源和生命自然界的多样性与统一性,卓有成效地引导人们接受了他的伟大思想——有机进化论。自然选择假说是科学史上迄今为止唯一的在第一次全面表述的同时就宣称即将产生革命的假说。随之而来的这场达尔文革命,颠覆了人类是宇宙中心的观念,在人们思想上引起的巨变超过了文艺复兴运动以来的任何其他科学进步。从《物种起源》问世算起,自然选择假说在世界上的传播至今已有150余年。在这一个半世纪里,它经受住了时间的考验和科学的检验。随着细胞遗传学、群体遗传学及古生物学等学科的突飞猛进,以达尔文进化论为基础而发展起来的综合进化论在当代进化理论中已占主导地位。该学说同样充分肯定了自然选择在生物进化中的主导地位。其代表人物杜布赞斯基(T. Dobzhansky,1900—1975)指出,进化不是一次事件,而是一个过程;决定进化方向及其速度的因素是自然选择;自然选择的作用并不是消极的筛子,而是本身体现着无限创造性的过程。尽管自然选择假说由达尔文提出,但该假说提出之前,自然选择思想,即进化论思想早已有之。

进化论的先驱

从转化演化思想到目的论

达尔文之前生物变化思想的发展和关于万物互相转化和演变的自然观可以追溯到人类文明的早期。中国《易经》中的阴阳、八卦说,把自然界还原为天、地、雷、风、水、火、山、泽八种基本现象,并试图用"阴阳""八卦"来解释物质世界复杂变化的规律。古希腊阿那克西曼德(约公元前6世纪)认为生命最初由海中软泥产生,原始的水生生物经过蜕变(类似昆虫幼虫的蜕皮)而变为陆地生物。

在西方,基督教圣经把世界万物描写成上帝的特殊创造物,这就是所谓特创论。与特创论相伴随的目的论则认为自然界的安排是有目的性的,"猫被创造出来是为了吃老鼠,老鼠被创造出来是为了给猫吃,而整个自然界创造出来是为了证明造物主的智慧"。在中世纪,教会的权力得以确立和不断加强,以托马斯·阿奎那学说为代表的教会经院哲学在意识形态领域占据了统治地位,于是,任何"异端"的思想都很难与基督教教义相抗衡。

从预成论到渐变论:由林奈到布丰

从15世纪后半叶到18世纪,是近代自然科学形成和发展的时期。这个时期在科学界占统治地位的观点是预成论。当时这种观点被牛顿和林奈表达为科学的规律:地球由于所谓第一推动力而运转起来,以后就永远不变地运动下去,生物种原来是这样,现在和将来也是这样。到了18世纪下半叶,康德的天体论首先在不变论自然观上打开了第一个缺口;随后,渐成论的自然观就在自然科学各领域中逐渐形成。这个时期的一些生物学家,往往在两种思想观点中之间彷徨。例如林奈晚年在其《自然系统》一书中删去了物种不变（预成论）的词句；法国生物学家布丰虽然把渐变论带进了生物学，但他一生都在转变论和不变论之间徘徊。

▲ 林 奈

▲ 布 丰

预成论与渐成论的争论，是物种不变论与进化论争论中的比较早的一个回合。1759 年，沃尔夫出版了《发育论》，系统地提出了渐成论的思想。根据恩格斯的看法，这一年可看作是近代进化论的诞生年。

林奈从物种不变到承认"物种是时间的产儿"，表明了进化论思想的产生。当其分类工作日趋完成时，系统的进化论也就应运而生了。布丰把生物同生活环境联系起来，认为在气候、营养等条件影响下，物种会发生变异。正因为物种能不断变化，所以一个种可以产生许多种，许多种可以有一个共同的祖先。布丰的学生圣提雷尔认为脊椎动物有统一的结构图案，但形态和功能可以变化，原因在于环境。他既看到物种的变异性又看到了稳定性，但他把物种的稳定性归结为脊椎动物的结构图案的统一性，这是没有根据的；后又将脊椎动物的统一图案扩充到无脊椎动物，混淆了二者的界限，强调了统一，但又忽略了差别。

居维叶的灾变论思想

居维叶是灾变论思想的集大成者，灾变论认为地球上曾发生过几次大洪水,每两次大洪水之间还有一次大火灾,期间所有的生物都被消灭,但生命的胚种却被保存下来,灾变之后生物又重新复活,并在生物阶梯上前进了一步。

1798年,居维叶研究巴黎郊区发掘的大量化石,发现地层越深、越古老,动物化石的构造也越简单,同现代物种的差别也就越大。这实际上是发现了古生物形态与出土地层的关系,揭示了已绝迹的生物在时间上分布的规律性。尽管居维叶基本上是物种不变论者,但其研究成果在客观上又为进化论的发展提供了证据。其创立的比较解剖学与古生物学是进化论的两大支柱:"一种器官的变化会引起其他器官的变化"这个成果被达尔文所吸收;"不同地层与不同化石之间的关系"客观

▲ 居维叶

上揭示了物种的变化过程。其在分类学研究中也发现了两栖类动物既具有爬行动物的特点,又具有鱼类动物的特点。

拉马克进化论思想

法国有进化思想的历史传统, 到18世纪末就产生了法国进化思想的高峰——拉马克的进化论。1809年在其著作《动物哲学》中最早采用"进化论"一词。拉马克的进化论包括以下几点:(1)物种是可变的。包括人在内的一切的物种都是由其他物种演变而来,而不是神创造的。只是物种变化是缓慢的, 人的寿命是短暂的。(2)生物是从低等向高等转化的。如果将生物按照相互关系排列起来,就能得到从低等向高等的连续系列。(3)环境变化可以引起物种变化。环境变化直接导致变异的发生以适应新的环境。(4)用进废退和获得性遗传, 这是拉马克论述进化原因的两条著名法则。用进废退:经常使用的器官发达,不使用的就退化。获得性遗传是环境引起或由于废退化引起的变化是可遗传的。后人把拉马克对生物进化的看法称为拉马克学说

▲ 拉马克

或拉马克主义。拉马克学说带有唯心论色彩。后天获得性则多属于表型变异，现代遗传学已证明它是不能遗传的。拉马克与居维叶生活在同一个时期、同一个国家，在同一个单位工作，研究的都是古生物学，材料又都是来自同一个蒙特马尔高地，可是两人得出的结论却是不同的。居维叶同圣提雷尔的辩论给人的印象是物种不变论战胜了进化论，所以当拉马克的进化论问世，连以科学之友著称的拿破仑都嗤之以鼻；《动物哲学》出版后20年，他家中还有800本没有卖掉。拉马克晚年境遇艰难，过着孤苦凄惨的生活。大约一个世纪后，当进化论广泛流传，法国终于意识到这个儿子的优秀啦。

18世纪末至19世纪后期，大多数动植物学家都没有认真地研究生物进化，而且偏离了古希腊唯物主义传统，坠入唯心主义。"活力论"是这个时期的主导思想，承认生物种可以转变，但把进化原因归于非物质的内在力量，认为是生物的"内部的力量"即活力驱动着生物的进化，使之越来越复杂完善。但活力论缺乏实际的证据，是一种唯心的臆测。最有名的活力论者就是法国生物学家拉马克。要建立具有科学依据的进化论体系，还要等到1859年英国生物学家达尔文发表其震撼世界的著作《物种起源》。

达尔文经历对进化论思想的影响

达尔文出生在英国施罗普郡的一个小城镇什鲁斯伯里，1809年2月12日，与美国总统亚伯拉罕·林肯同年同月同日生。这个巧合，使他的一位传记作家把他看成是"将人类心智从愚昧无知的镣铐中拯救出来的解放者"，"正如林肯是将人类身体从奴隶的桎梏中拯救出来的解放者一样"。这位剑桥大学神学院的学生，没有面向虔诚的宗教徒传播上帝的福音，却踏上了科学的

科学十大假说 KEXUE SHIDA JIASHUO

征途,发掘和解释大自然写在生物体上的语言。

达尔文曾自我表述:"我生来就是一个博物学家。"他出身于一个著名的医生之家。自幼性格活泼,大自然的各个方面都吸引着他。他对钓鱼、养狗、捕鼠、搜集鸟蛋都兴致勃勃,想要成为一名研究分类的自然科学家,甚至小小年纪就已经对植物的变异性产生了兴趣。他在晚年写道:"在尽我所能回忆自己在中学时代的性格时,我发现,当时我已经具备那些寄托希望于某种未来美好事物的独特品质,就是:我有了极其浓厚的多种多样的兴趣,很急切地想要理解自己感兴趣的事物,而且弄清楚任何复杂的问题或事物就非常高兴。一位家庭教师教我欧几里得几何学,我清楚地记得,在得出清晰的几何证明方法时,我就十分心满意足。还同样清楚地记得,我的姑父(他是法郎士·高尔顿的父亲),给我讲解了气表的游标尺的构造原理,让我高兴非凡。""至于说到对科学的兴趣方面,我仍旧继续很热心于搜集矿石,但是完全不按照科学方法去干。我关心的,只是寻觅新奇名称的矿石,却没有要把它们分类的尝试。大概我对昆虫也作了一些观察,因为我在 10 岁时(1819年),曾经到威尔士的帕拉斯爱德华村的海滨去,旅居三星期;当时我发现了一种半翅目的黑色带有猩红色的大昆虫,很多飞蛾和一只斑蝥,我很惊讶并产生了浓厚的兴趣。我在希鲁兹伯里从未见过这些昆虫。我的兴致颇为浓厚,把一切我们能找到的死昆虫收集起来,……在阅读了怀特的著作《索尔本》以后,我十分高兴地去观察鸟类的习性,甚至还记了一些关于这方面的笔记。"

1825 年 10 月,16 岁的达尔文进入爱丁堡大学学习医科,在那里结识了一批爱好生物学的青年朋友。他常随格兰特博士去海边捕捞水生动物,制作标本,并用蹩脚的显微镜对它们进行观察。有一次居然做出了两个有趣的小发现,一种被当作藻苔虫的卵的东西,达尔文却发现其实是幼虫;另外一种球状体,好多人都说它是墨角藻的幼龄阶段,达尔文却肯定它是海蛭的卵膜。达尔文把自己的这两点发现写成短篇论文,并将其中一篇拿到普林尼学会上宣读。普林尼学会是大学生的科学活动组织,达尔文曾是理事会五人成员之一。他还加入了皇家医学会和爱丁堡皇家学会,准时出席会议和活动,聆听辩论并作发言,获益匪浅。达尔文还与渔民交朋友,跟他们出海捕鱼、捞牡蛎。他在笔记本上记载了某些软体动物的产卵情况,并简要叙述了珊瑚虫和海鳃。夏天,达尔文背着行囊,作长途徒步旅行,考察野外的生物;秋季,他兴致勃勃地打猎,并把射到的每一只鸟都作了精细的记录。

1827年至1831年,达尔文在剑桥大学读书,一如既往热心于打猎和采集标本。对采集甲虫如醉似痴,他说:"我可以举出一个例子来证明自己的这种热情:有一天,我从树上撕下一张老树皮时,看到了两只稀有的甲虫,马上就用双手分别各抓住一只,但是忽然又见到第三只甲虫;它是一只新奇品种的甲虫,我决不能错失良机;于是我马上把自己右手抓住的一只甲虫塞进嘴中咬住。哎呀!这只甲虫竟释放出一股极其辛辣的液汁,灼伤了我的舌头,使我不得不马上把它吐出去,因而让它逃跑了;而这第三只甲虫也因此失踪了。"达尔文曾多次十分惋惜地向同学诉说这次捕捉腹部带有大十字花纹的甲虫的失败情景。而当他看到《不列颠昆虫图集》上出现"查·达尔文采集"这几个富于魅力的字时,他的喜悦之情大大超过了诗人看到自己的处女作的发表。达尔文对甲虫是如此痴迷,以致他的一位朋友见到他正在研究甲虫就说到,他终有一天会成为皇家学会会员。

在剑桥,达尔文一心扑在生物学和体育运动上,同时又结识了一批自然科学家和教授。达尔文写道:"直到现在,我还没有提到一件事,它无可比拟地对我一生事业产生了极其重大的影响。这就是我同亨斯罗教授的友谊。"亨斯罗教授品德高尚,学识渊博。达尔文和这位贤师结为知己。从他那里获得了大量的植物学、昆虫学、化学、矿物学和地质学知识。在他的教诲和指导下,达尔文逐步把自己锻炼成一个为自然科学家称之为"野外工作者"的博物学家。

在剑桥大学的最后一年,有两件事深刻地影响了达尔文。一是他阅读了德国博物学家洪堡著的《新大陆热带地区旅行记》及英国天文学家赫歇尔的

《自然哲学入门》。这两本书"激发了我的热烈渴望，要对于建筑高贵的自然科学之宫方面，尽力提供自己一份最微薄的贡献"。二是，经亨斯罗介绍，随同剑桥大学地质学教授塞治威克去北威尔士旅行考察。通过对古岩层地质的实地考察，达尔文学会了发掘和鉴定化石，学会了整理和分析科学调查的材料，并总结出一条非常有益的经验：某些现象倘若不注意观察，即使它是显著的，也极容易被忽略。后来的事实证明，物种的起源和进化，就是一个显著而历来被人们所忽略了的现象。

进化学说的确立

当我们考察达尔文从一个天生的博物学家到创立自然选择假说的过程时，就会发现，他的思想经历了两次大巨变，第一是确立进化思想，第二是揭示进化机制。用达尔文的一句诙谐的话，就是"魔鬼的圣经"代替了"基督的圣经"，这一具有关键性的转折是在贝格尔号舰上完成的。达尔文说："贝格尔舰上的航行，是我一生中最重大的事件，它决定了我此后全部事业的道路。"

由于亨斯罗的举荐，达尔文以船长费茨罗伊的伴侣和一位"编外"博物学家的身份登上了贝格尔号舰，从 1831 年 12 月 27 日至 1836 年 10 月 2 日作了将近 5 年的环球考察。（亨斯罗在给达尔文的信中写道："费茨罗伊船长需要一名男子，（我理解）主要是做伴侣，而不仅仅是采集者。"）这对 22 岁的达尔文是最大的幸运。关怀备至的亨斯罗嘱咐他购买和研读地质学家赖尔（C. Lyell，1797—1875）的新著《地质学原理》第 1 卷，"但是又劝告我，绝对不要承认这本书中所鼓吹的观点"。原来，赖尔在这本书中用不同地层的地质资料，包括生物化石作对比研究，详实地阐明了地质渐变的进化思想。赖尔的基本信条："现在是过去的钥匙"。他的理论是对当时地质学上占统治地位的"灾变说"的有力批判，而亨斯罗是"灾变说"的支持者。

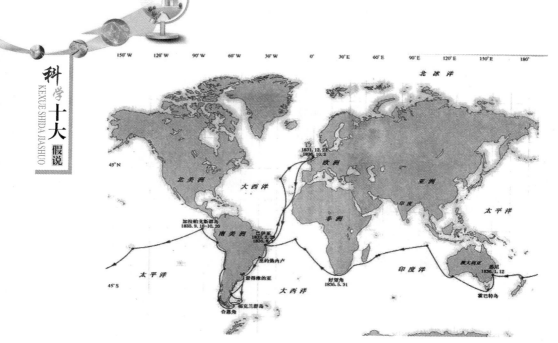

▲ 贝格尔号舰环球航行线路图

注："参加贝格尔号航行是我一生中最重要的事情，它决定了我的整个生涯……"贝格尔号1831年12月从英国出发，1836年10月返回。在长达5年的环球航行中有3年时间是在南美洲沿海度过的，沿海岛屿上丰富而独特的物种资源对达尔文的进化学说的形成有重要意义。

　　达尔文在途中仔细地阅读了赖尔的这部著作。1832年1月16日，贝格尔号在佛得角岛停泊，达尔文登上圣地雅哥岛，就试图把赖尔的一些思想运用到地质考察当中。在事实面前，他清楚地认识到赖尔理论的正确性。他写道："赖尔所举出的地质研究方法，有惊人的优点。""这一天对我来说是永远不能忘怀的，我就像一个瞎子重见光明一样。"当时他想，对所要访问的各国的地质情况都加以分类整理，能够收集到够他写整整一部地质书的大量资料。这个想法使他高兴得手舞足蹈。

　　在《地质学原理》的指导下，达尔文发现，构成大洋岛屿的物质，或者是珊瑚的骨骸，或者是火山的熔岩；并指出，南美洲地壳曾经发生过多次上升和下沉的运动，从而在不同的地层里留下了古代生物的遗骸和化石。达尔文首次对珊瑚礁的形成作出了科学的解释。他以富有成就的地质学家身份走上了科学的舞台。意想不到的是,地质学的研究却引导达尔文走上了否定创世说,形成进化思想的道路。

1832年11月,达尔文在蒙得维的亚收到亨斯罗寄来的赖尔《地质学原理》第2卷。阅读这本书对达尔文有特殊的意义。正是在该书中赖尔分析了后来很快就成为达尔文基本课题的物种问题,赖尔认为,这一问

▲ 赖　尔

题对于地质学家是特别重要的。因此他探究了物种变异性的程度,物种间的杂交,由于受外部条件的影响而发生变态的遗传性,作为对进化论的一些论证的胚胎阶段,叙述了拉马克的进化论并对它进行了批判,提到了生存斗争,最后阐述了他关于物种不变性的见解。赖尔不承认灾变说,但保留了物种神秘的创造观点,认为上帝不是一下子,而是用某种不知不觉的方法,一个一个地创造出新的物种,来代替已消亡的物种。达尔文在搜集各种各样的物种时,在确定种间上限上产生了实际困难,不止一次对赖尔基本论点的正确性发生怀疑。从此,达尔文就把注意力和思考力都用在能弄明白的物种起源问题、物种不变性或可变性的问题上。随之而来的是,怀疑和确证占据了他整个航行时间。

在达尔文踏上贝格尔舰驶离英国时,他对于动植物物种不变和上帝创造万物的教条是不怀疑的。在舰上为了解答军官们提出的问题,他引用《圣经》中的词句,把它看作是天经地义的权威言论。在初期的《航海日记》中达尔文也还多次提到了所谓上帝创造世界的"伟大计划"。然而,在航行考察中,有如此之多的贫齿目化石的发现,对于邻近物种的地理分布以及动物的绝灭、动物的适应、动植物的相互斗争的观察,所有这一切都在为怀疑赖尔对物种所持观点的正确性提供证据。他说:"怀疑以一种很慢的速率在我的心中滋

长着，但是最后终于完成了。"众多的物种和化石让达尔文感受最深刻的是："第一，在潘帕斯地层中，发现了庞大的动物化石，它们具有背甲，同现在生存的犰狳的背甲相似；第二，动物的亲缘关系相近的种，随着南美洲大陆自北向南逐渐发生一定的交替变化；第三，加拉帕戈斯群岛上的大多数生物，都具有南美洲生物的性状；更特别的事实是：这个群岛中的各个岛屿上的同种生物，其性状也都彼此略有差异；从地质意义上看来，其中任何一个岛屿都不是古老的。"

达尔文指出："显然可知，只有依据一种推测，就是物种在逐渐地发生变异，才可以去解释这一类事实以及其他很多事实；因而这个问题一直萦绕在我脑际。"

达尔文认为，他的全部思想起源于加拉帕戈斯群岛。他在加岛写的日记上记下了最早明确表明关于进化的思想。为了纪念达尔文加岛科学考察100周年，1935年，厄瓜多尔政府在岛上建立了达尔文纪念碑。达尔文的儿子伦纳德所撰写的碑文是："查尔斯·达尔文于1835年在加拉帕戈斯群岛登陆，他在研究当地动植物分布时，初次考察到生物进化问题。从此开始了这个悬而未决的论题的思想革命。"

1836年10月，达尔文随贝格尔舰结束了探险航行，带着生物物种进化的机制问题回到了英国。阔别5年的父亲满意地打量着达尔文，对女儿们高兴地喊道："啊，原来他的头型完全变样了！"在他的头脑里，"魔鬼的圣经"代替了"基督的圣经"。

进化学说的发展

打开《物种起源》，我们不难发现达尔文构筑自然选择假说的历程。他指出：博物学家可以承认每一物种是从其他物种而来的，像变种从其他物种演变而来的那样。但是，尽管这种结论有充分的证据，却还不能令人满意，还必须说明究竟通过什么机制，使各种生物发生演变而适应于各自的环境，并且怎样适应得很好。进化论者必须能够说明生物之所以具有完善结构的机制，才有足够的说服力。那么，达尔文是如何揭示进化机制的呢？他大体上进行了如下三方面工作：

首先是根据真正的培根原则进行工作，在没有任何学说偏见的情况下，极其广泛地博览群书，搜罗事实。他阅读旅行游记，阅读有关运动竞赛、自然历史、园艺种植和家畜培养的书籍，查看各种书刊目录，包括各学会出版的大批成套的期刊和论文集，并在阅读时作了摘录。他研究了布丰（G. L. Buffon，1707—1788）关于外界环境直接改变动物的学说，并认为布丰是近代第一位能以科学精神处理进化问题的学者。他特别探讨了拉马克（Lamarck，1744—1829）的在环境造成改变的积累性遗传中寻找进化原因的"用进废退获得性遗传"假说。他评价拉马克："他的卓越工作第一次唤起了我们注意有机界和无机界的一切变化大概都是法则作用的结果，而不是神灵干涉的结果。"达尔文还读过小圣提雷尔的《生命》，思索过圣提雷尔（E. G. Saint-Hilaire，1772—1844）提出的环境对于个体有直接作用的进化理论。他批判了他们的错误观点，吸收了其中合理的成分。如果我们探究《物种起源》一书中讨论生物发生变异的若干原则时，就不难发现，如环境条件的影响、器官的使用与不使用（即用进废退）、杂交产生变异等等，这些原则正是拉马克等人所主张的生物变异观点的再现。

我们不妨再看一看达尔文1844年1月11日写给胡克（J. D. Hooker，1817—1911）的信。达尔文谈到他最近的工作状况："最后闪出了微光，我差不多已相信了（同我开始研究时的意见完全相反）物种不是不变的（这好像是承认谋杀罪一样）。愿上天保佑我使我不去相信拉马克的'进步的倾向'，'由动物迟缓的愿望所引起的适应'等荒谬说法。可是我们得到的结论却和他的结论相差并不太远；虽然我们所说的变化的方法是全然不同的。"这里的"谋杀罪"是指对赖尔物种不变的错误观念的反叛。

其次，从事动植物的人工培育研究，建立人工选择理论。达尔文写道："细心研究家养动物和栽培植物，会给了解这个难解的问题提供最良好的机会。

果然没有使我失望：在此种情形和其他复杂的情形下，我总是发现在家养状况下的变异的知识，虽然不完备，却能提供最良好的和最安全的指导。此项研究虽然通常为自然学者们所忽略，我却要冒昧地表示我对于它的高度价值的确信。"

达尔文广泛收集资料，其中包括中国的古籍，印发调查表，同熟练的动物饲养家和植物育种家进行谈话、通信联系，特别是他还专门选择家鸽作为研究对象，饲养了每一个能买到或收集到的品种，参加两个伦敦的养鸽俱乐部，积累了极其丰富的家养下动植物变异的材料。他熟悉的动物品种有 150 来种家鸽，15 种黄牛，11 种绵羊。他对于鸡、马、猪、狗、家兔等的品种，也都作了调查研究。

达尔文把人工选择分为两种：有意识的选择和无意识的选择，前者是从后者发展而来的。他通过专心致志地研究所搜集的大量人工选择的事实，并以惊人的洞察力说明这些事实，其中每个说明都要经过检验。他最后得出两个无可辩驳的重要结论：①在家养下不论以何种原因（如环境条件的变化、器官的使用不使用、杂交等）促使一个品种产生的变异要比异种变异的区别要大。②培育成有用的品种，关键是培育者利用动植物对人类有用的变异。这种变异通过生物的遗传性，世代积累起来，逐渐形成新的有用的品种。根据这两个结论，达尔文以严密的逻辑得出了人工选择基本思想：第一，根据实验证实物种变异是普遍事实；第二，变异性状的保存和遗传积累是新种形成基本途径；第三，人工选择是新种形成的决定因素。据此，达尔文为自然选择假说奠定了基础。

在这里非常值得一提的是，达尔文难能可贵地集理论家、实践家于一身，这是科学大师的素质。在他的时代，生物学家与从事实际工作的育种师、园艺师及农民之间缺乏密切的联系，实践家们早就用杂交与选种的方法不断培育出许多动植物的新品种，巨大变异的出现，也是他们都熟知的事实。科学理论研究却没有跟上时代的步伐，这的确是一大不幸。

最后，通过类比，把选择的概念从社会领域引入到自然界。这是创立自然选择假说的关键。达尔文曾写道:"不久我就理解到,(人工)选择,就是人类创造动物和植物的有用种类的基本原理。可是,怎样可以把选择应用到那些在自然状况下生活的生物方面,这在相当长的时期内对我来说,依旧是个谜。"这时的达尔文已经极其广泛地搜罗到(包括在贝格尔号舰上)动植物在自然状况下变异的事实,且已经形成人工选择的理论,他面临的难题是:"那些自然状态下生活的生物"由谁来选择? 或者说,在自然状况下究竟是什么原因使生物形成最适应生存环境的物种?

是马尔萨斯的《人口论》启迪了达尔文的创造性思维,使他豁然开朗,解开了这个谜:"1838 年 10 月,就是在我开始进行有系统的问题调查以后 15 个月,我为了消遣,偶尔翻阅了马尔萨斯的《人口论》一书,当时我根据长期对动物和植物的生活方式的观察,就已经胸有成竹,能够去正确估计这种随时随地都在发生的生存斗争的意义,马上在我头脑中出现一个想法,就是:在这些(自然)环境条件下,有利的变异应该有被保存的趋势,而无利的变异则应该有被消灭的趋势。这样的结

▲ 马尔萨斯

果,应该会引起新种的形成。因此,最后,我终于获得了一个用来指导工作的理论。"达尔文扭转了马尔萨斯的悲观结论,论证中迸发出进步和进化的思想。

在此之前,达尔文头脑中的进化思想是赖尔式的,进化是物种持续消亡而被新种所取代的概念。赖尔给出了物种进化一种看起来显明而又符合逻辑的解释,即物种间存在生存斗争,一些物种在斗争中消失了,而我们只能通过化石或地质学记录才能知道它们。现在,马尔萨斯则使达尔文注意到同种个体间表现出来的生存斗争。达尔文恍然大悟,种的生存斗争是进化的记录,而个体的生存斗争则是进化的动力!

一个伟大的假说在达尔文的头脑里形成了。

进化学说的诞生

在生物学史上，揭示生物进化的奥秘有两个途径：多数生物学家注重从考察生物的形态特征和历史过程入手，进行分析比较，建立了诸如分类学、比较解剖学、比较胚胎学、动植物地理学和古生物学等；还有少数生物学家则致力于研究生物进化的机制，探讨生物进化的原因，包括生物发生变异的原因及遗传机制等，通过掌握的材料或事实，提出假说和理论。达尔文就是19世纪研究进化机制的代表人物之一。他创立的自然选择假说既提供了生物进化的充足证据，又合理地阐明了生物进化的机制，揭示了千百年来"秘密"之中的"秘密"。

自然选择假说从孕育到诞生，经历了整整22年。达尔文的工作是从1837年7月开始的，到1838年2月，他写下了《物种变异笔记》第1本，有关自然选择的原理的雏形基本形成。1839年也就是在受《人口论》启示之后，这一假说就"在他的头脑中形成了"。但达尔文仍然继续搜集资料，深入研究，而不急于把它写成著作。其主要原因是他认为："一个假说仅是因为它能够解释大量的事实才发展成一个学说。"因此，"先发表结果而不举出导致这些结果的全部材料"，那是"十分不明智的"。

达尔文制订了一个宏伟的计划，要撰写关于物种的大部头著作，在篇幅上是《物种起源》的4~5倍，后者仅仅是它的"摘要"。他的学说是由许多论点组成的，而每个论点都需要用事实来证明，忽视这些证明，在他看来是不可思议的。1842年6月，他拟就了相当完整的"概要"。这部后来被称为《1842年的自然选择理论概要》包括了《物种起源》所有的基本章节、所有的基本思想。1844年7月，达尔文完成了进一步比较系统的论述，把《概要》从35页扩充到230页。《概要》充分体现了达尔文的远见卓识和高度的洞察力。达尔文把他对待科学的审慎态度，同他的勇往直前、敢攀高峰、丰富而又严谨的科学想象力结合在一起。

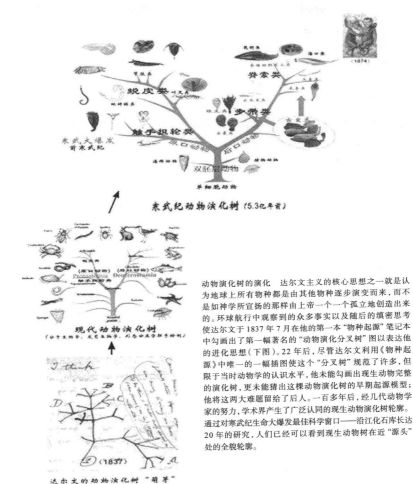

动物演化树的演化 达尔文主义的核心思想之一就是认为地球上所有物种都是由其他物种逐步演变而来，而不是如神学所宣扬的那样由上帝一个一个孤立地创造出来的。环球航行中观察到的众多事实以及随后的缜密思考使达尔文于 1837 年 7 月在他的第一本"物种起源"笔记本中勾画出了第一幅著名的"动物演化分叉树"图以表达他的进化思想(下图)。22 年后，尽管达尔文利用《物种起源》中唯一的一幅插图使这个"分叉树"规范了许多，但限于当时动物学的认识水平，他未能勾画出现生动物完整的演化树，更未能猜出这棵动物演化树的早期起源模型；他将这两大难题留给了后人。一百多年后，经几代动物学家的努力，学术界产生了广泛认同的现生动物演化树轮廓。通过对寒武纪生命大爆发最佳科学窗口——沿江化石库长达 20 年的研究，人们已经可以看到现生动物树在近"源头"处的全貌轮廓。

▲ 动物演化树的演化

　　达尔文在晚年的《回忆录》里写道："我认为《物种起源》的成功原因，大部分在于：我在这本书出版以前，很早就写过了两个精简的概要；还有，它最后又是把我的一部篇幅更庞大的原稿节缩而成，而后者本身也是一种(从大批笔记资料中取来的)摘要。由于采用这种方法，我就能够选用最引人注目的事例和结论。"

　　一个科学家越是实事求是，越是对自己严格要求，他所提出的假说就越具有科学性。值得注意的是,达尔文在形成他的假说时,所奉行的一条指导原则是:"如果发现一个公开发表的事实,一项新的观察资料,或者一种新的思想,而且是同我的一段结果发生冲突的,那么,我就必须立即把它们简略地记下来,因为我根据过去的经验,深信这些事实和思想,要比大家赞同的事实和思想更容易被人当作耳边风一般,很快忘掉。我由于养成了这种习惯,就很少有反对我的观点的异议出现。"

经过反复的证伪与反驳,自然选择终于问世了。这是一个严谨的科学假说,它包括4个前提和3个和谐统一的结论。4个前提是:

(1)生物继续繁殖下去会生出更多的后代;

(2)对于长久的时间间隔来说,一个物种个体的数目始终是近乎相当的;

(3)有一个高的死亡率;

(4)每一物种的个体都表现出一切特征的变异。

由此可以逻辑地推出以下3个严密的结论:

(1)生存斗争。生殖过剩与生存条件的有限这一矛盾是地球上的物种被淘汰的外在原因之一。

(2)遗传性发生变异。虽然变异的机制并不清楚,但普遍发生变异的事实不容否认(达尔文以此说明物种演变的内在原因)。

(3)适者生存。生存条件一直在变化,如果物种的变异适合于变化的环境,那么就在生存斗争中取得胜利而发展,如果物种的变异不适宜于它当时生存的条件,那么就趋于衰减或灭亡。

这样,达尔文基于自然界本身的事实和矛盾,为我们大致描绘了生物进化的机制。各种关键的问题在他这里都有了比较合理的、有事实佐证的回答。新的物种怎么出现的? 因为旧的物种会变异。物种为什么灭绝了? 因为它们承受不住生存斗争的压力。为什么现存生物与环境的关系是那么和谐呢? 因为无数变异之中的某些变异恰好符合环境的选择。至于为什么低等类型的生物到处存在,达尔文写道:"这是不难理解的,因为自然选择即最适者生存,不一定包含进步性的发展——自然选择只利用有利于处在复杂生活关系中的生物的那种变异。"

这里,需要着重指出的是,达尔文在创立他的假说时,他坚持极其严肃、认真的科学态度。他崇敬他的祖父,著名的进化论先驱伊·达尔文,赞颂过他的《动物生物学》,但当达尔文用科学的眼光审视这部名著时,便大失所望,他尖锐地指出:"书中在纯抽象理论的阐述方面与事实之间不一致的地方非常多。"用空想的原因解释进化思想,这是达尔文所决不允许的。同样,他也决不赞同拉马克的做法,把自己的学说建立在猜测之上,引用说明进化存在的论据太少。达尔文时时刻刻没有忘记,他要说明物种通过自然选择而起源的假说要比神创论优越得多。事实,事实,还是事实,再加上逻辑的力量,使达尔文把他的学说建立在坚实的基础之上。

当达尔文解释事实发生的原因,说明自己的假说时,他网罗各学科的研究成果,分类学、动植物育种、生物地理学、比较解剖学、生态学和胚胎学等,所有这些领域的发现都成了他的论据。而用众多来自不同领域的事实,又进一步支持了这一假说。这样无疑增加了假说的可信度。

这并不意味着达尔文解答了一切问题。例如,关于变异的机制和遗传的机理,达尔文都无法给予合理的解释。他承认:"我们对于变异规律深深地无知。""遗传的法则是不可思议的,这是未来科学的事情。"但变异和遗传的事实是客观存在、抹杀不了的。因此,达尔文一方面将大量的事实、活生生的材料摆在读者面前,使人读来不能不信,而把对原因的探讨寄希望于科学的进一步发展。另一方面,他又引导人们正确对待科学的假说,他指出:"谁能够解释什么是引力的本质呢?现在没有人会反对遵循引力这个未知因素所得出的结果;尽管莱布尼兹以前曾经责难牛顿。"

进化学说的社会化过程

《物种起源》宣告了自然选择假说的诞生。从此它也像其他科学的假说一样,开始经历不断的考验、提高、修订、改编和重写的命运,但是,很少有学说会受到达尔文的假说过去和现在所受到的那样的歪曲。

　　科学史家评价达尔文："他的坦率与诚挚,对真理的爱好以及心境的平静与公正,都是博物学家的典范。"从达尔文对待假说的态度便可清楚地看出他身上难能可贵的科学气质。他是这样评价自己的:"我始终不变地努力保持自己思想的自由,其范围可使我在一见到事实明显地相反于我深爱的任何假说时,马上就放弃这个假说(而且我对于每个专题,总是忍不住想要建立一个假说)。的确,我只能照此办法去行动,别无其他途径可以选择。"

　　早在写《物种起源》时,达尔文就在心中选定了学说的三位评判人:赖尔、霍克和赫胥黎,决定听从他们的评判。在书出版前,他把样书寄给他们,同时也向其他一些同行赠书,征求意见,即使明知对方是持反对态度的。达尔文非常诚恳地不仅不隐瞒假说的难点,不像许多坚持自己观点的作者那样不去注意这些难点,而且还让自己的对手找出自己在理论和结论方面的弱点。达尔文在《物种起源》第1版专门写了一章"理论的困难",第6版又增加了一章,写"对自然选择理论的各种不同的反对意见"。他开诚布公地把自己的假说暴露在公众的批评之下,让公众评判。

　　自然选择假说很快就在一定的广度和深度上得到了认可。被达尔文视为"最高的权威"和"欧洲最有能力的裁判者"霍克评论说:"这本书对于奇异事实和新鲜现象的精密推理是多么丰富,真是一部伟大的著作。"植物学家华生在1859年年底写信给达尔文说:"您的主导思想,即'自然选择',一定会被当作科学上的确定真理而为人们所接受。它有一切伟大的自然科学真理所具有的特征,变模糊为清晰,化复杂为简单。"

　　赖尔对《物种起源》的出版感到由衷高兴。三年多前他就曾竭力说服、敦促达尔文早日发表成果,而不必再等待。他说,假使达尔文能活到100岁,但要等到把自己的假说所依据的一切事实都准备好了再发表,那么这种机会大概是永远不会到来的。可以说是赖尔的《地质学原理》孕育了达尔文的思想,但赖尔在相当长的时间里没有接受自然选择观点。阻碍赖尔接受达尔文学说的主要障碍是他对人和动物起源表示怀疑,他接受不了人和猿有亲缘关系的思想。他试探达尔文,是否会假设在人的起源方面一定有神的干预。达尔文回答："要是有人使我相信我必须对自然选择的理论作这样一些补充,那我就会像抛弃无用的垃圾那样把这个理论抛弃。"的确,这里不可能妥协。达尔文在信中对赖尔说:"我想您将被迫拒绝一切,要不就承认一切。"达尔文清楚地知道,承认一切对赖尔来说是异常困难的。但是他耐心地等待着。他始终记住,在他深入探索自己的假说,专心致志地研究各种不同的事实并越来越深入于自己的研究对象时,他自己也是一步一步地确信自己学说的正确性的。赖尔是服从真理的,他终于公开声明信仰进化论,并且严厉批判了神创论。达尔文对他既感激又钦佩。

在哥白尼时代,要人们放弃地球是宇宙的中心这一观点是极其艰难的;同样,达尔文用他的假说将亚当、夏娃和伊甸园的故事一扫而空,使人从天之骄子贬而与万物为伍。这对已经习惯于相信神创论的绝大多数人来说,也是不可思议的。正如达尔文所说,当雷和闪电的发生第一次被证明是连续发生的原因时,那时关于每一个闪电并不是上帝亲手发出来的这一思想,对某些人来说简直是不能忍受的。他在《物种起源》最后一章写道,牛顿发现万有引力,受到了莱布尼兹的攻击,说万有引力动摇了自然宗教的基础,因而也动摇了神的启示。达尔文已经隐约地预见到即将引起的革命。科学与迷信的交锋,真理与谬误的斗争是决不可避免的了。科学史上罕见的科学假说一经宣布就迅速在世界范围引起热烈争论的现象,而这正是自然选择学说的真正革命特征的标志。

在这场激烈的论战中,英勇的斗士赫胥黎以"达尔文的斗犬"载入科学史册。凭借他大无畏的科学精神,辩论的技巧和阐释的天才,在促使公众接受达尔文学说方面做出了杰出贡献。达尔文说赫胥黎在传播"魔鬼的福音"方面是他的殷勤周到的代理人。在著名的牛津辩论会上,动物学家欧文首先发难,扬言"事实将使公众断定达尔文的学说有没有真实的可能"。

▲ 赫胥黎

赫胥黎严阵以待,立即直接而且全面地反驳了欧文,并表示同意公开论战。威尔伯福斯主教竭尽冷嘲热讽之能事,他挑衅道:试问赫胥黎教授,你自己是通过你的祖父还是通过你的祖母而来自猿猴呢? 赫胥黎接受了挑战。他很镇静地指出这位主教在生物学和人类起源问题上的无知,然后对他的讽刺作出了铿锵有力的驳斥:"一个人没有任何理由因为他的祖先是猿猴而感到羞耻。我以为应该感到羞耻的,倒是那些惯于信口开河,不满足于自己活动范围内的可疑的成功,而要粗暴地干涉他一窍不通的科学问题的人。"赫胥黎话音刚落,人群中立即爆发出热烈的掌声。主教受到的教训使那些外行的人不敢再发表肤浅的言论和妄加攻击,这对于捍卫新学说起了转折性的作用。

赫胥黎对自然选择学说做出的贡献还在于他大力宣传对假说的科学态度,他建议人们要采取歌德的"积极怀疑态度","这种怀疑态度是高度热爱真理的表现,它既不停留在怀疑上,也不屈从于不合理的信仰"。面对现实,他强调:"不要让你们自己上下面这个共同观念的当,一个假说是不可信赖的,只是因为它是个假说。"他在坚决支持、捍卫达尔文学说的同时还以敏锐的目光指出达尔文毫无保留地接受"自然界里没有飞跃"的观点,从而为自己制造了不必要的困难。他说,如果恒定的物理条件只起达尔文所指的那么小的作用,那么就不明白变异怎么能够发生,特别是既然物种有一个共同的来源,为何血缘相近而不同的物种杂交后却往往在某种程度上生殖不萎? 而且找不到明显的例证,说明生育不萎的杂种是在实验中从共同祖先传下来的多产亲体所养育出来的。赫胥黎所提出的问题的全部重要性,终于为 20 世纪的人们所认识。

科学无止境。杰出的学者也难免失误,难免时代的局限。《物种起源》初版问世,达尔文用了一个多月时间,征询意见,修订自己的假说,1860 年 1 月很快再版,到 1876 年已经第六版:他不断地修改、补充、完善自己的假说。今天,我们已经认识到,自然选择学说对复杂的生命进化过程的解释远远不完全。达尔文的伟大,就在于他认识到自己的学说并非已经完善。他在一封信中预言式地总结道:"科学的突飞猛进是多么壮观呀;虽然我们曾经犯过许多错误,虽然每日出现的大量新事实和新观点会使我们的成绩受到掩盖和遗忘,但科学的突飞猛进足可以使我们感到安慰。"

第八章

孟德尔遗传因子假说

天才意味着一生辛勤的劳动。

——孟德尔

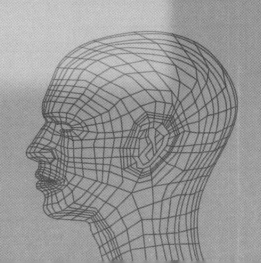

孟德尔（Gregor Johann Mendel, 1822—1884），出生于奥地利西里西亚，是遗传学的奠基人，被誉为现代遗传学之父。孟德尔通过豌豆实验，发现了遗传规律、分离规律及自由组合规律。

▲ 豌豆花

奥地利布隆（今捷克布尔诺）修道院神父、生物学家孟德尔经过十年的培育豌豆实验，于1865年2月8日和3月8日，在布隆博物学会的两次会议上宣读了他的研究成果。会议记录在简要记述他的报告："没有提出问题，没有进行讨论。"1866年，这份报告用47页的篇幅，以《植物杂交实验》为题刊登在布隆博物学会的会刊上。在这篇遗传学的经典著作中，孟德尔总结了他的杂交实验结果，揭示了生物遗传规律，提出了著名的遗传因子假说。这一划时代的科学假说宣告了一门新学科——研究生物遗传与变异机制的科学遗传学的诞生。

现代遗传学研究是新近才开始的，……这一研究的奠基者是奥地利僧侣、布隆修道院神父孟德尔。他于1866年发表了他做的植物杂交实验结果，这些实验是整个遗传学研究的基础。……他的伟大功绩在于精确记述了特定的形状并且连续追踪了植物一代又一代的表现。

——摩尔根1933年获诺贝尔奖授奖辞

历史背景

古老的问题

早在农业文明初期，人们就已经知道动植物的两性差异以及交配行为与繁殖后代的关系。这种知识当时已运用于实践中。例如，古亚述人细心地对枣椰树进行异株传粉，并且还通过控制雄树和雌树的比例来确保丰产。据甲骨文记载，我国在三千年前的殷商时期就选育出了黍和稷，这是同一物种的两个栽培变种。人们很早就注意到动植物的繁殖多样化以及幼体发育过程中的显著变化，有些是通过胎生，受精卵在母体内发育，比如，牛、羊等动物是通过胎生进行繁殖的；有些是通过卵生，受精卵在母体外独立发育，比如，鸡、鸭等家禽是通过卵生进行繁殖的；有些幼体在发育过程中，形态与习性发生了显著的变化，比如，毛毛虫与蝴蝶……对于自然界纷繁复杂的生命现象，人们迷惑不已并且充满了好奇，试图构建理论框架来统一观察到的现象，试图回答生命起源的有关问题。于是，人们提出了神创论、预成论、自然发生论等学说，其中有些基于宗教将生命起源归因为超自然力量，例如中国的女娲、西方的上帝等；有些则是主观的臆断，是对于生命现象的朴素的猜测性解释。这些想法是如此的根深蒂固，以至于有些一直延续到今天。

对遗传和变异进行比较系统的研究，开始于 18 世纪中叶。欧洲正处于资本主义迅速发展的时期，工农业生产急剧发展，急需科学理论指导生产，因此，生物科学领域十分活跃。德国植物学家科尔罗伊德（J. G. Kölreuter, 1733—1806）首次创立了科学的杂交方法，并在实验中运用了回交法。他发现杂交产生的子一代只有一种类型，而到子二代却出现了分化，产生不同的类型。由于科尔罗伊德的开拓性的工作，再加上植物栽培获得实际利益的推动，实验性杂交在 19 世纪获得了蓬勃的发展。

许多国家的科学院对研究植物性别和杂交问题悬赏重金，这促使许多植物学家、园艺家、栽培学家做了大量关于各种不同植物，如玉米、豌豆、小麦、羽扇豆、苹果、梨等的杂交实验。大量实验表明，杂交产品有某种程度的稳定性，也有某种程度的可变性，但产品品种特性或物种特性的内在机制的问题仍然悬而未决。1827 年德国植物学家盖特纳已经得到玉米杂种第二代按 3∶1 的比例分离，但他仍不明白这种现象产生的原因。孟德尔所推崇的法国植物学家诺丹（C. Naudin, 1815—1899），"先后进行过一万次杂交实验，涉及七百个种，八十个属，大约总共获得了 350 个不同的杂种植物"，还发现了种间杂种第一代性状一致,第二代"分离"出各种各样的类型,同时证实回交后杂种逐渐恢复到原始亲状本态。为什么会产生这种有规则的遗传现象?生物性状的遗传是否有规律可循?对于这样的问题,诺丹已经猜测到了这种一致性与多态性现象是由几率规律支配的,但他仍不能揭示出隐藏在这些实验背后的规律。总之,"事实无需重新确定,但却需要解释",生物性状的遗传问题,已成为19世纪的生物学家们迫切需要解决的重大课题。

正是在这种形势下,孟德尔决定通过实验"使我们有可能确定杂种后代出现的不同类型的数目;或者按照杂种的各个世代有把握地排列出这些类型;或者确切地查明它们在统计上的关系"。

豌豆实验

奥地利生物学家、经典遗传学奠基人格里戈·约翰·孟德尔祖籍德国,1822年7月22日出生于奥地利西西里亚地区的海钦道夫(现属捷克的海恩西斯),农艺世家。海钦道夫素有"多瑙河之花"的美称,村人大都爱好园艺。孟德尔的父亲安顿·孟德尔在务农之余极爱栽种花草果树,他是当地有名的园艺师,有娴熟的果树嫁接技术。受家庭的熏陶,孟德尔自幼就对园艺很感兴趣,他幼年的好多时间就是在父亲的花园里栽培植物。他不但喜欢动手,而且爱好观察和思考。"究竟是什么使得不同的树木、果实和花朵有多种颜色和形态呢?"非常幸运,他在小学里就有机会学到一些有关这些秘密的知识。他就读的小学附近有一座小花园,供学生在课余时种植花卉、果树及养蜂之用。孟德尔少年时代勤奋好学,四年学完小学全部课程,以全校第一名的成绩考入初中。一年后又因学习成绩优秀转到特洛堡大学预科学校(相当于现代的全日制高中)。中学毕业后进入奥尔米茨大学哲学学院学习。1843年9月,21岁的孟德尔为生活所困,被迫中途辍学,进了布隆天主教奥古斯丁教派修道院当一名见习修士,取名格里戈。

到修道院后,孟德尔广泛搜集有关园艺学的书籍,刻苦攻读果树栽培学和植物育种学。与此同时,他把祖辈的好传统带到了修道院,培育出不少观赏植物和有核果树新品种。1851 年 10 月,孟德尔被送往维也纳大学学习。在著名的物理学家多普勒、数学家爱丁豪森、生物学家翁格尔等名师的教育与指导下,受到了系统的科学训练,接触到了这些大科学家进行科学研究的思想方法和工作方法,了解到当代科学发展的状况和突破。1853 年 8 月,孟德尔结束了大学生涯回到布隆。这时他已经成为维也纳动物和植物学会会员。就在这一年,他在该会主编的杂志上发表了第一篇论文《一种有害的昆虫——豌豆蟓》。从论文题目就可看出,孟德尔已经开始关注豌豆了。

▲ 布隆天主教奥古斯丁教派修道院

1854 年,孟德尔开始对豌豆进行杂交实验。在此之前,他曾用不同毛色的小鼠进行过杂交实验。发现实验材料不理想,并且在修道院里进行动物杂交实验有诸多不便。于是便转而进行植物的杂交实验。比较了许多种类的植物,最后确定了用豌豆作为实验材料。孟德尔对实验材料的精心选择表明,他不仅是一位天才的实验家,而且是一位推陈出新、极具创造性的理论家。他明确指出:"任何实验的价值和效用是由用作实验的材料是否适于达到目的来决定的……"为此,孟德尔在多种植物中选择了有稳定的明显的性状区分、既能自花授粉又能异花授粉、闭花授粉容易保持纯洁、便于人工操作的豌豆作为实验材料。同时,他实行系统的大规模实验,选择成对的形状,分别进行相应的实验,观察它们在代间的传递。

孟德尔从种子商和朋友那里收集到34个不同的豌豆品种,经过2年的试验,得到它们的纯合子,再从中精选出22个品种,并选择了7对易于识别的可区分性状,作为遗传分析的对象:

(1)种子:圆的或者平滑的,有皱纹的或者有棱的

(2)子叶:黄的,绿的

(3)种皮:白的,灰的

(4)荚果形状:拱凸形,缢缩的

(5)荚果颜色:绿色,黄色

(6)花的位置:轴生的,顶生的

(7)花轴:高茎,矮茎

▲ 孟德尔手稿

为了避免自花授粉,他提前摘去了雄蕊;为了防止所不希望的异花授粉,他用一只小纸袋把花套上;为了尽量避免产生偶然的结果,他努力培植了尽可能多的植株。在修道院内一块近2400平方英尺的园地上,他成功地用挑出来的22种豌豆品种,培育出5000多株豌豆植株。每年到了收获季节,他将每个实验品种分开收获与储藏,并记下每个品种植株所结的种粒数。年复一年,孟德尔进行了350多次人工授粉,获得了一万多颗种粒。他以顽强的毅力、科学的态度和严谨的方法,坚持把实验进行下去。

在杂交实验中,孟德尔首先一次只注意一对简单的性状,而后才观察两对及两对以上性状的遗传。在实验过程中,他对杂交后代根据不同的性状按不同方式进行重组,并创造性地引进了统计方法。这样,在实验进行到第5个年头,即1861年,孟德尔成功地发现了杂种即子一代(F_1)的显性现象和杂种后代性状分离现象的内在规律,通过运用数学方法,他得出如下实验结果:

用7对性状中任一对性状的纯种豌豆进行杂交,其子一代全部表现为一个亲本的性状,而另一亲本的性状则隐而不见。如用高茎豌豆(茎高6~7英

尺)和矮茎豌豆(茎高 3/4~3/2 英尺)杂交,所得子一代全部为高茎;用圆形种子和皱形种子的纯种豌豆杂交,所得子一代全部为圆形种子。其他 5 种显性性状是:黄色子叶,灰色种皮,拱凸形豆荚,绿色荚果,花的位置轴生。

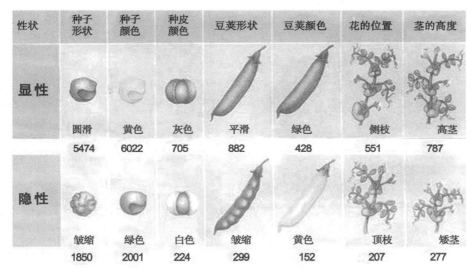

性状	种子形状	种子颜色	种皮颜色	豆荚形状	豆荚颜色	花的位置	茎的高度
显性	圆滑 5474	黄色 6022	灰色 705	平滑 882	绿色 428	侧枝 551	高茎 787
隐性	皱缩 1850	绿色 2001	白色 224	皱缩 299	黄色 152	顶枝 207	矮茎 277

▲ 显性与隐性

再使子一代自交,产生的子二代(F2)其隐性性状又重新出现,且显性、隐性植株数量之比接近 3∶1。仍以高矮植株和种子形状为例,孟德尔得到的子二代中,表现高茎的有 787 株,表现矮茎的有 277 株。两者之比为 2.84∶1。由子一代圆形种子的豌豆自交产生的子二代中有圆形种子 5474 粒,皱形种子为 1850 粒,两者之比为 2.96∶1。

孟德尔在看到 3∶1 的比例后,他分析在子二代显性的性状可以有两种意义,它可以是初始亲本(F0)的"恒定"性状,或 F1 代的"杂交体"性状。只能用 F2 代再做一代实验来检验是哪种状况。他预计,如果 F2 和 F0 一样,那么其后代性状就应该不变,而如果 F2 代类似 F1 杂交体状态,那么其行为与 F1 相同。

由此,引出孟德尔下一年的实验,即他所谓"杂合体来的第二代"(我们现称 F3 代)部分结果。他发现,表现隐性性状的 F2 代,传 F3 代后其性状不再变化(总是隐性表型)。而表现显性的 F2 代,其 F3 代结果表明:2/3 的 F2 代是杂交体(其 F3 代出现 3∶1 的显性和隐性),而另外 1/3 的 F2 代其 F3 代都是显性表型。

这样,孟德尔将 F2 的 3∶1 中的 3,进一步分成 2 和 1。3∶1 就被分解成 1∶2∶1(显性恒定∶杂交体∶隐性恒定)。

在 F3 代后,他还做了几代"杂交体后几代",发现结果都符合 F3 代前所发现的规律,"没有察觉任何偏移"。

孟德尔进一步考察了两对、三对性状的杂交实验,发现子一代自交产生的子二代中不仅重新出现了隐而不见的双隐性类型,还出现两种新的一显一隐类型。其中,双显性与两种一显一隐类型及双隐性的植株数量之比约为 9∶3∶3∶1,若忽略其中一对性状仅考察另一对性状,则其比例关系仍为 3∶1。如以子叶黄色、圆形种子的纯种和子叶绿色、皱缩种子的纯种杂交,得到的子一代全部为子叶黄色、圆形种子。在子一代白花授粉得到的子二代中,黄圆 315,黄皱 101,绿圆 108,绿皱 32,其比例大致为 9∶3∶3∶1。这一结果对于其他任何两对性状的豌豆杂交实验同样有效。

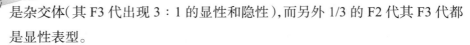

假说提出

孟德尔将他的实验结果加以分门别类,分析整理,运用分类归纳法提出遗传因子的分离假说,其主要内容归纳如下:

(1)生物性状的遗传,是由遗传因子(后来改为"基因")决定的。

(2)遗传因子在体细胞内是成对存在的,其中,一个成员来自父本,另一个成员来自母本,二者分别由精、卵细胞带入。在形成配子时,成对的遗传因子又彼此分离,并且各自进入到一个配子中去,这样,在每个配子中就只含有成对遗传因子中的一个成员,这个成员也许来自父本,也许来自母本。

(3)在杂种 F1 的体细胞中,两个遗传因子的成员不同,二者之间是处在各自独立、互不干扰的状态之中。但二者对性状发育所起的作用不同,即一方对另一方起着决定性的作用,因而有显性因子与隐性因子之分,随之而来的也就有了显性性状与隐性性状之分。

（4）杂种F1所产生的不同类型的配子，其数目是相等的，而雌、雄配子的结合又是随机的，即各种不同类型的雌、雄配子的结合机会是均等的。

为了解释自由组合现象，孟德尔提出了遗传因子的自由组合（独立分配）假说，其要点是：不同对的遗传因子在形成配子时的分离是独立进行的，它们彼此间的组合是自由搭配的。根据这一假说，即可在分离规律的基础上圆满地解释自由组合现象了。

上述两种假说即为孟德尔学说的主要内容。孟德尔在前人植物杂交实验的基础上，认真地吸取他们的经验教训，也没有被整个杂交现象中的众多性状所迷惑，而是遵循从简单到复杂的原则，首先把豌豆一个个显而易见的性状区分开来，并选择典型性状进行单因子遗传分析，继而研究两个乃至多个性状的传递方式，从中发现了性状遗传的分离规律和自由组合规律。

孟德尔的上述假说，使得他所观察到的 7 对相对性状杂交实验的相似结果——都有显、隐性的差别，F1 都表现显性性状，F2 都有显、隐性的分离现象，而且分离比都近似于 3：1——得到了科学的、圆满的解释。

设用 A 表示某一对性状的显性遗传因子，a 表示这对性状的隐性遗传因子。用 B 表示另一对性状的显性遗传因子，而 b 则表示其隐性遗传因子。

首先看一对性状的豌豆杂交。由 AA 与 aa 两个纯种豌豆杂交产生的子一代类型为 Aa，表现为显性性状。而子一代豌豆在形成配子时，A 和 a 发生分离，产生 A 和 a 两种类型的配子。子一代豌豆自交时，两种因子型的配子自由组合，产生三种因子型的合子：（A+a）×（A+a）=AA+2Aa+aa。前两种在性状上表现为显性，而后一种则表现为隐性。显性和隐性之比为 3：1（如下页图所示）。

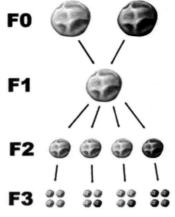

▲ 杂交示意图

在上述分析中，杂交子二代中出现的 AA+2Aa+aa 这一因子组合式具有重要意义，它表示由杂合子 Aa 自交产生的后代类型的分布。根据这一公式，我们便可推知在下一代即子三代中可能出现的类型：AA 和 aa 是纯合子，它们将分别产生与自己相同的类型；2Aa 将按上述公式再次产生出 2（AA+2Aa+aa）类型的后代。根据同样的方式，我们可以有把握地确定子四代、子五代⋯⋯可能出现的类型及其数目。

孟德尔进一步对两对性状的豌豆杂交实验作出了解释。因为两个纯合子亲本的配子中分别只含有 AB 或 ab 因子，故由它们杂交产生的子一代必为 AaBb 因子型。而子一代在形成配子时，这两对因子彼此分离，并随机结合，出现 AB，Ab，aB，ab 四种类型的配子。在自交过程中，自由结合，子二代便出现了 16 个因子组合方式：

（AB+Ab+aB+ab）×（AB+Ab+aB+ab）

=AABB+AAbb+aaBB+aabb+2AABb+2aaBb+2AaBB+2Aabb+4AaBb

在其性状表现中，则只出现四种性状类型，即双显性：AABB+2AABb+2AaBB+4AaBb；A 显 b 隐：AAbb+2Aabb；B 显 a 隐：aaBB+2aaBb；双隐性：aabb。四种类型的比例正好是 9：3：3：1。

孟德尔进一步指出："由几个主要不同的性状结合而成的杂种后代，表现为一个组合系列的各项,这个组合系列可以用其中每一对性状的发育系列的结合来加以解释。""设 n 代表原有亲本可区分性状,4^n 就代表杂种组合系列的个数,3^n 就代表杂种的类型数,而 2^n 则是其中保持稳定的类型。假定原有亲本有 4 对区分性状,由一对亲本杂交所得的后代就有 256(4^4)个因子组合,81(3^4)种类型,其中有 16(2^4)种类型是稳定的。"这些结论表明,孟德尔遗传因子假说不仅具有对实验现象作本质理解的解释功能,而且还具有在实验前推导出实验结果的预见功能。根据这个假说,人们不仅可以确定杂种后代的类型,能够有把握地按照不同的世代排列出这些类型,并且能够计算出这些类型在统计上的规律性。

分离规律

豌豆具有一些稳定的、容易区分的性状,这很符合孟德尔的实验要求。所谓性状,即指生物体的形态、结构和生理、生化等特性的总称。在他的杂交实验中,孟德尔全神贯注地研究了 7 对相对性状的遗传规律。所谓相对性状,即指同种生物同一性状的不同表现类型,如豌豆花色有红花与白花之分,种子形状有圆粒与皱粒之分,等等。为了方便和有利于分析研究起见,他首先只针对一对相对性状的传递情况进行研究,然后再观察多对相对性状在一起的传递情况。这种分析方法是孟德尔获得成功的一个重要原因。

1.显性性状与隐性性状

大家知道,孟德尔的论文的醒目标题是《植物杂交实验》,因此他所从事实验的方法,主要是"杂交实验法"。他用纯种的高茎豌豆与矮茎豌豆作亲本(亲本以 P 表示),在它们的不同植株间进行异花传粉。结果发现,无论是以高茎作母本,矮茎作父本,还是以高茎作父本,矮茎作母本(即无论是正交还是反交),它们杂交得到的第一代植株(简称"子一代",以 F1 表示)都表现为高茎。也就是说,就这一对相对性状而言,F1 植株的性状只能表现出双亲中的一个亲本的性状——高茎,而另一亲本的性状——矮茎,则在 F1 中完全没有得到表现。

又如，纯种的红花豌豆和白花豌豆进行杂交实验时，无论是正交还是反交，F1 植株全都是红花豌豆。正因为如此，孟德尔就把在这一对性状中，F1能够表现出来的性状，如高茎、红花，叫作显性性状，而把 F1 未能表现出来的性状，如矮茎、白花，叫作隐性性状。孟德尔在豌豆的其他 5 对相对性状的杂交实验中，都得到了同样的实验结果，即都有易于区别的显性性状和隐性性状。

2. 分离现象及分离比

在上述的孟德尔杂交实验中，由于在杂种 F1 时只表现出相对性状中的一个性状——显性性状，那么，相对性状中的另一个性状——隐性性状，是不是就此消失了呢？能否表现出来呢？带着这样的疑问，孟德尔继续着自己的杂交实验工作。

孟德尔让上述 F1 的高茎豌豆自花授粉，然后把所结出的 F2 豌豆种子于次年再播种下去，得到杂种 F2 的豌豆植株，结果出现了两种类型，一种是高茎的豌豆（显性性状），一种是矮茎的豌豆（隐性性状），即一对相对性状的两种不同表现形式——高茎和矮茎性状都表现出来了。孟德尔的疑问解除了，并把这种现象称为分离现象。不仅如此，孟德尔还从 F2 的高、矮茎豌豆的数字统计中发现：在 1064 株豌豆中，高茎的有 787 株，矮茎的有 277 株，两者数目之比，近似于 3：1。

孟德尔以同样的实验方法，又进行了红花豌豆的 F1 自花授粉。在杂种F2 的豌豆植株中，同样也出现了两种类型：一种是红花豌豆（显性性状），另一种是白花豌豆（隐性性状）。对此进行数字统计结果表明，在 929 株豌豆中，红花豌豆有 705株，白花豌豆有 224 株，二者之比同样接近于 3：1。

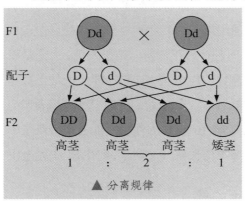

▲ 分离规律

孟德尔还分别对其他 5 对相

对性状做了同样的杂交实验,其结果也都是如此。

我们概括上述孟德尔的杂交实验结果,至少有三点值得注意:

（1）F1的全部植株,都只表现某一亲本的性状(显性性状),而另一亲本的性状,则被暂时遮盖而未表现(隐性性状)。

（2）在F2里,杂交亲本的相对性状——显性性状和隐性性状又都表现出来了,这就是性状分离现象。由此可见,隐性性状在F1里并没有消失,只是暂时被遮盖而未能得以表现罢了。

（3）在F2的群体中,具有显性性状的植株数与具有隐性性状的植株数,常常表现出一定的分离比,其比值近似于3∶1。

3. 对性状分离现象的解释

孟德尔对上述7个豌豆杂交实验结果中所反映出来的、值得注意的三个有规律的现象感到吃惊。事实上,他已认识到,这绝对不是某种偶然的巧合,而是一种遗传上的普遍规律,但对于3∶1的性状分离比,他仍感到困惑不解。经过一番创造性思维后,终于茅塞顿开,提出了遗传因子的分离假说,其主要内容可归纳为:

（1）生物性状的遗传由遗传因子决定(遗传因子后来被称为基因)。

（2）遗传因子在体细胞内成对存在,其中一个成员来自父本,另一个成员来自母本,二者分别由精卵细胞带入。在形成配子时,成对的遗传因子又彼此分离,并且各自进入到一个配子中。这样,在每一个配子中,就只含有成对遗传因子中的一个成员,这个成员也许来自父本,也许来自母本。

（3）在杂种F1的体细胞中,两个遗传因子的成员不同,它们之间是处在各自独立、互不干涉的状态之中,但二者对性状发育所起的作用却表现出明显的差异,即一方对另一方起了决定性的作用,因而有显性因子和隐性因子之分,随之而来的也就有了显性性状与隐性性状之分。

（4）杂种F1所产生的不同类型的配子,其数目相等,而雌雄配子的结合又是随机的,即各种不同类型的雌配子与雄配子的结合机会均等。

为了更好地证明分离现象,下面用一对遗传因子来说明孟德尔的豌豆杂交实验及其假说。我们用大写字母 D 代表决定高茎豌豆的显性遗传因子,用小写字母 d 代表矮茎豌豆的隐性遗传因子。在生物的体细胞内,遗传因子是成对存在的,因此,在纯种高茎豌豆的体细胞内含有一对决定高茎性状的显性遗传因子 DD,在纯种矮茎豌豆的体细胞内含有一对决定矮茎性状的隐性遗传因子 dd。杂交产生的 F1 的体细胞中,D 和 d 结合成 Dd,由于 D(高茎)对 d(矮茎)是显性,故 F1 植株全部为高茎豌豆。当 F1 进行减数分裂时,其成对的遗传因子 D 和 d 又得彼此分离,最终产生了两种不同类型的配子。一种是含有遗传因子 D 的配子,另一种是含有遗传因子 d 的配子,而且两种配子在数量上相等,各占 1/2。因此,上述两种雌雄配子的结合便产生了三种组合:DD、Dd 和 dd,它们之间的比接近于 1∶2∶1,而在性状表现上则接近于 3(高)∶1(矮)。

因此,孟德尔的遗传因子假说,使得豌豆杂交实验所得到的相似结果有了科学的、圆满的解释。

基因型与表现型我们已经看到,在上述一对遗传因子的遗传分析中,遗传下来的和最终表现出来的并不完全是一回事,如当遗传结构为 DD 型时,其表现出来的性状是高茎豌豆,而遗传结构为 Dd 型时,其表现出来的也是高茎豌豆。像这样,生物个体所表现出来的外形特征和生理特性叫作表现型,如高茎与矮茎,红花与白花;而生物个体或其某一性状的遗传基础,则被称为基因型,如高茎豌豆的基因型有 DD 和 Dd 两种,而矮茎豌豆的基因型只有 dd 一种。由相同遗传因子的配子结合成的合子发育而成的个体叫作纯合体,如 DD 和 dd 的植株;凡是由不同遗传因子的配子结合成的合子发育而成的个体则称为杂合体,如 Dd。

基因型是生物个体内部的遗传物质结构,因此,生物个体的基因型在很大程度上决定了生物个体的表现型。例如,含有显性遗传因子 D 的豌豆植株(DD 和 Dd)都表现为高茎,无显性遗传因子的豌豆植株(dd)都表现为矮茎。由此可见,基因型是性状表现的内在因素,而表现型则是基因型的表现形式。

由以上分析我们还可知道,表现型相同,基因型却并不一定相同。例如,

DD 和 Dd 的表现型都是高茎,但其基因型并不相同,并且它们的下一代有差别:DD 的下一代都是高茎的,而 Dd 的下一代则有分离现象——既有高茎,也有矮茎。

4.分离规律的验证

前面讲到孟德尔对分离现象的解释,仅仅建立在一种假说基础之上,他本人也十分清楚这一点。假说毕竟只是假说,不能用来代替真理,要使这个假说上升为科学真理,单凭其能清楚地解释他所得到的实验结果,那是远远不够的,还必须用实验的方法进行验证这一假说。下面介绍孟德尔设计的第一种验证方法,也是他用得最多的测交法。

测交就是让杂种子一代与隐性类型相交,用来测定 F1 的基因型。按照孟德尔对分离现象的解释,杂种子一代 F1(Dd)一定会产生带有遗传因子 D 和 d 的两种配子,并且两者的数目相等;而隐性类型(dd)只能产生一种带有隐性遗传因子 d 的配子,这种配子不会遮盖 F1 中遗传因子的作用。所以,测交产生的后代应当一半是高茎(Dd)的,一半是矮茎(dd)的,即两种性状之比为 1∶1。

孟德尔用子一代高茎豌豆(Dd)与矮茎豌豆(dd)相交,得到的后代共 64 株,其中高茎的 30 株,矮茎的 34 株,即性状分离比接近 1∶1,实验结果符合预先设想。对其他几对相对性状的测交实验,也无一例外地得到了近似于 1∶1 的分离比。

孟德尔的测交结果,有力地证明了他自己提出的遗传因子分离假说是正确的,是完全建立在科学的基础上的。

5. 分离规律的实质

孟德尔提出的遗传因子的分离假说,用他自己所设计的测交等一系列实验,已经得到了充分的验证,亦被后人无数次的实验所证实,现已被世人所公认,并被尊称为孟德尔的分离规律。那么,孟德尔分离规律的实质是什么呢?

这可以用一句话来概括,那就是:杂合体中决定某一性状的成对遗传因子,在减数分裂过程中,彼此分离,互不干扰,使得配子中只具有成对遗传因

子中的一个,从而产生数目相等的、两种类型的配子,且独立地遗传给后代。

自由组合规律

孟德尔在揭示了由一对遗传因子(或一对等位基因)控制的一对相对性状杂交的遗传规律——分离规律之后,这位才思敏捷的科学工作者,又接连进行了两对、三对甚至更多对相对性状杂交的遗传实验,进而又发现了第二条重要的遗传学规律,即自由组合规律,也有人称它为独立分配规律。这里我们仅介绍他所进行的两对相对性状的杂交实验。

1. 杂交实验现象的观察

孟德尔在进行两对相对性状的杂交实验时,仍以豌豆为材料。他选取了具有两对相对性状差异的纯合体作为亲本进行杂交,一个亲本是结黄色圆形种子的(简称黄色圆粒),另一亲本是结绿色皱形种子的(简称绿色皱粒),无论是正交还是反交,所得到的 F1 全都是黄色圆形种子。由此可知,豌豆的黄色对绿色是显性,圆粒对皱粒是显性,所以 F1 的豌豆呈现黄色圆粒性状。

如果把 F1 的种子播下去,让它们的植株进行自花授粉(自交),则在 F2 中出现了明显的形状分离和自由组合现象。在共计得到的 556 粒 F2 种子中,有四种不同的表现类型,比例大约为 9:3:3:1。

从以上豌豆杂交实验结果看出,在 F2 所出现的四种类型中,有两种是亲本原有的性状组合,即黄色圆形种子和绿色皱形种子,还有两种不同于亲本类型的新组合,即黄色皱形种子和绿色圆形种子,其结果显示出不同相对性状之间的自由组合。

2. 杂交实验结果的分析

孟德尔在杂交实验的分析研究中发现,如果单就其中的一对相对性状而言,那么,其杂交后代的显、隐性性状之比仍然符合 3:1 的近似比值。

以上性状分离比的实际情况充分表明,这两对相对性状的遗传,分别是由两对遗传因子控制着,其传递方式依然符合分离规律。

此外, 它还表明了一对相对性状的分离与另一对相对性状的分离无关,二者在遗传上是彼此独立的。

如果把这两对相对性状联系在一起进行考虑，那么，这个F2表现型的分离比，应该是它们各自F2表现型分离比（3：1）的乘积，这也表明，控制黄、绿和圆、皱两对相对性状的两对等位基因，既能彼此分离，又能自由组合。

3. 自由组合现象的解释

那么，对上述遗传现象，又该如何解释呢？孟德尔根据上述杂交实验的结果，提出了不同对的遗传因子在形成配子中自由组合的理论。

因为最初选用的一个亲本——黄色圆形的豌豆是纯合子，其基因型为YYRR，在这里，Y代表黄色，R代表圆形，由于它们都是显性，故用大写字母表示。而选用的另一亲本——绿色皱形豌豆也是纯合子，其基因型为yyrr，这里y代表绿色，r代表皱形，由于它们都是隐性，所以用小写字母来表示。

由于这两个亲本都是纯合体，所以它们都只能产生一种类型的配子，即：

YYRR——YR

yyrr——yr

二者杂交，YR配子与yr配子结合，所得后代F1的基因型全为YyRr，即全为杂合体。由于基因间的显隐性关系，所以F1的表现型全为黄色圆形种子。杂合的F1在形成配子时，根据分离规律，即Y与y分离，R与r分离，然后每对基因中的一个成员各自进入到下一个配子中，这样，在分离了的各对基因成员之间，便会出现随机的自由组合，即：

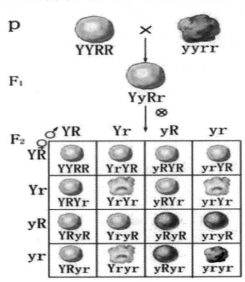

▲ 自由组合

（1）Y与R组合成YR；

（2）Y与r组合成Yr；

（3）y 与 R 组合成 yR；

（4）y 与 r 组合成 yr。

由于它们彼此间相互组合的机会均等，因此杂种 F1（YyRr）能够产生四种不同类型、相等数量的配子。当杂种 F1 自交时，这四种不同类型的雌雄配子随机结合，便在 F2 中产生 16 种组合中的 9 种基因型合子。由于显隐性基因的存在，这 9 种基因型只能有四种表现型，即：黄色圆形、黄色皱形、绿色圆形、绿色皱形。

这就是孟德尔当时提出的遗传因子自由组合假说，这个假说圆满地解释了他观察到的实验结果。事实上，这也是一个普遍存在的最基本的遗传规律，这就是孟德尔发现的第二个遗传规律——自由组合规律，也有人称它为独立分配规律。

4. 自由组合规律的验证

与分离规律相类似，要将自由组合规律由假说上升为真理，同样也需要科学实验的验证。孟德尔为了证实具有两对相对性状的 F1 杂种，确实产生了四种数目相等的不同配子，他同样采用了测交法来验证。

把 F1 杂种与双隐性亲本进行杂交，由于双隐性亲本只能产生一种含有两个隐性基因的配子（yr），所以测交所产生的后代，不仅能表现出杂种配子的类型，而且还能反映出各种类型配子的比例。换句话说，当 F1 杂种与双隐性亲本测交后，如能产生四种不同类型的后代，而且比例相等，那么，就证实了 F1 杂种在形成配子时，其基因就是按照自由组合的规律彼此结合的。为此，孟德尔做了以下测交实验。

实际测交的结果，无论是正交还是反交，都得到了四种数目相近的不同类型的后代，其比例为 1：1：1：1，与预期的结果完全符合。这就证实了雌雄杂种 F1 在形成配子时，确实产生了四种数目相等的配子，从而验证了自由组合规律的正确性。

5. 自由组合规律的实质

根据前面所讲的可以知道，具有两对（或更多对）相对性状的亲本进行杂交，在 F1 产生配子时，在等位基因分离的同时，非同源染色体上的非等位基因表现为自由组合，这就是自由组合规律的实质。也就是说，一对等位基因与另一对等位基因的分离与组合互不干扰，各自独立地分配到配子中。

假说验证

孟德尔为了正确地解释上述遗传规律，他不仅提出了自己的假说，还首创了一种新的、带有验证性质的实验方法——"测交"实验法，实践证明，这是一种用来直接验证遗传因子在杂种中彼此分离和相互组合行之有效的方法。"测交"实验法的成功，又同时证实了孟德尔假说的正确性。

首先，他设计了"测交"实验，即用杂种同纯合隐性亲本类型杂交，以测试其因子类型。对于一种性状的杂种，经过测交后产生显隐性各一半的结果，这充分说明了子一代的因子型为 Aa，与推测结果完全符合。对于两种性状的杂种，同交后产生四种类型的种子，即双显性、双隐性及两种一显一隐型，且比例为 1∶1∶1∶1，与预期结果一致，从而证明了由此假说作出的推测是正确的。另外，孟德尔还对三对性状的情况进行了检验，结果也与推测相符。

其次，孟德尔变换实验对象，运用其他植物品种来进行实验验证。1863年，他又用玉米、芽豆等植物品种作杂交实验，以便"确定在豌豆属里发现的发育规律是否也适应于其他植物品种"。在这些推广实验中，不少植物杂种的发育同样遵循豌豆属中的规律。这就证明了他的假说对于许多植物晶种也是适用的。

孟德尔遗传因子假说的悲惨命运

孟德尔的发现，命运十分悲惨。1864年秋，孟德尔结束了他的大部分实验。第二年，在他的好友、布隆生物学会主席耐塞尔的鼓励与支持下，他第一次面对数十位专家、学者和教授作学术演讲，把他的成果公布于世。1866年，孟德尔的论文发表没有引起科学界的注意和重视，而被束之高阁。那时生物学家不是从达尔文观点出发,就是站在拉马克立场,兼之对性细胞分裂及其在受精中的作用不甚明了,无法理解遗传过程。这一伟大的科学假说被湮没35年之久。究其原因,主要包括:第一,在孟德尔论文发表前7年(1859),达尔文的名著《物种起源》出版了。这部著作引起了科学界的兴趣,几乎全部的生物学家转向生物进化的讨论。这一点也许对孟德尔论文的命运起了决定性的作用。第二,当时的科学界缺乏理解孟德尔规律的思想基础。首先,那个时代的科学思想还没有包含孟德尔论文所提出的命题:遗传的不是一个个体的全貌,而是一个个性状。其次,孟德尔论文的表达方式是全新的,他把生物学和统计学、数学结合了起来,使得同时代的博物学家很难理解论文的真正含义。第三,有的权威出于偏见或不理解,把孟德尔的研究视为一般的杂交实验,和别人做的没有多大差别①。

孟德尔遗传因子假说的再现

1900年春天,同时有三位植物学家,分别在不同的国家、用不同的材料,彼此独立地发表了他们在杂交后代中发现的性状遗传某些规律的论文,这就是:荷兰德弗里斯的《论杂种分离的规律》(在阿姆斯特丹,用月见草、罂粟、曼陀罗及其他);德国科伦斯的《杂交分离的孟德尔规律》(在耶纳,用玉米)和奥地利西森内格·契马克的《豌豆人工杂交》(在比利时的根特,用豌豆)。这三位重新发现者的工作对孟德尔假说给予有力的支持。尤其是科伦斯,他根据自己得到的数据独立地引出了与孟德尔相同的结论。后来,他进一步把孟德尔的发现概括为分离规律和独立分配规律。

英国生物学家贝特森(W. Bateson,1861—1926)最先用家禽验证了孟德尔遗传规律,并重复了孟德尔的豌豆实验。由于他的热情宣传,使得孟德尔假说首先引起了英语国家中的科学家的注意,继而在世界各国产生了巨大的反响。

---

① 据说1900年前只有5位作者在文章中提到孟德尔,其中仅俄国植物学家施马尔豪森真正理解它的意义。最熟知孟德尔工作的耐格里收到单行本后,出于他对山柳菊杂种的偏见,非但没有把孟德尔的论文推荐给读者,反而在自己的著作里闭口不提。

孟德尔遗传因子假说的实证者:摩尔根

尽管三位学者再现并初步验证了孟德尔遗传因子假说,但是该假说的证实还有很多工作要做。1909 年,美国胚胎学家摩尔根(T. H. Morgan,1866—1945)发表了他的见解:①孟德尔规律可以适用于豌豆,但是它们还不能够在大范围内被证明也适用于其他生物,特别是动物;②孟德尔关于显性与隐性的理论,不能解释人们观察到的以 1∶1 的比例出现的性别遗传现象(他问道:决定性别的遗传因子是显性还是隐性?);③孟德尔假说的"显性"和"隐性"的概念并不总是像豌豆中的"高株"和"矮株"那样绝对分明的,有的生物后代常常表现出好像是介于假定的显性性状与隐性性状之间的中间类型;④由于没有任何证据可以说明孟德尔所假定的"遗传因子"的存在,所以孟德尔的理论是没有建立在真实基础之上的一种假说。

摩尔根 1909 年的观点很好地表明了许多生物学家早期对孟德尔理论所持的一些主要看法。摩尔根的态度的转变,主要是由于他自己对黑腹果蝇研究的结果。1910年,他发现果蝇奇怪的眼色遗传的结果能根据孟德尔理论来加以解释。这个事实促使他迅速从这个理论的怀疑者变为热烈的支持者。

▲ 摩尔根

由于细胞学发现的两性生殖细胞成熟分裂时染色体数减少一半的事实与孟德尔的遗传因子假说完全相符。同时,法国、德国、瑞士、瑞典和美国等许多国家的生物学家用多种不同的动植物包括人在内,进行实验或观察,都证实了孟德尔遗传规律的普遍意义。到 1910 年才把它称为孟德尔规律。

在这里还应该指出:孟德尔的遗传因子假说是一定历史条件下的产物,限于当时的科学水平和研究条件,孟德尔的遗传因子只是一个逻辑推理的产

物，是一种决定杂种性状及性状与性状之间关系的符号，并没有任何物质的实在性。因此遗传因子究竟是什么？孟德尔也无法指出它的具体的物质内容。然而，正是这一假说激励着新一代遗传学家在活细胞中去寻找它的物质基础，以及搞清这种遗传单位在生殖细胞中的生理、生化特性及作用等问题。

假说意义

用现代观点看，孟德尔遗传因子就是存在于细胞核中染色体上的基因。孟德尔的最大贡献，就在于他确定了基因的颗粒性概念，或者说他揭示了在遗传里有某些特征可以看作是不可分割的和显然不变的单元。这样就把原子或量子的概念带进了生物学。一个机体总是要么具有、要么不具有这些单元之一。具有不具有这些单元构成一对相反的特征。这就彻底否定了当时占统治地位的融合遗传假说。达尔文及达尔文主义者不仅用融合遗传假说来解释生物的生殖和遗传，同时还用它来说明生物进化的机理，按照这种假说，子代的性状是双亲性状的混合物。比如抗病小麦与不抗病小麦杂交的后代表现半抗病。照此，亲代发生的变异到了第十代就会全部消失，自然选择就不可能发生作用，生物也就没有什么进化可言。这显然是达尔文学说的一大缺陷。孟德尔用他的科学假说充实和发展了达尔文的理论。

虽然，孟德尔规律被埋没了近35年，而且其理论体系还存在着一定的局限性，然而，当孟德尔规律自1900年被重新发现后，现代遗传学以神奇的速度发展起来，成为20世纪自然科学中思想最活跃、成就最卓著的带头学科之一。科学史业已证明，孟德尔所阐明的生物遗传的基本规律，不仅奠定了现代遗传学的科学基础，而且在农学、医学、人类学、园艺学等方面也得到了广泛的应用，大大促进了这些学科的发展。特别是20世纪40年代以来，人们将孟德尔规律同分子生物学结合起来，发展了标志着生物学革命的分子遗传学。这一切，不能不归功于孟德尔所作出的科学假说。

孟德尔的分离规律和自由组合规律是遗传学中最基本、最重要的规律，后来发现的许多遗传学规律都是在它们的基础上产生并建立起来的,它犹如一盏明灯,指引了近代遗传学发展的前进。

理论应用

从理论上讲,自由组合规律为解释自然界生物的多样性提供了重要的理论依据。大家知道,导致生物发生变异的原因固然很多,但是,基因的自由组合却是出现生物性状多样性的重要原因。比如说,一对具有 20 对等位基因(这 20 对等位基因分别位于 20 对同源染色体上)的生物进行杂交,F2 可能出现的表现型就有 2^{20}=1048576 种。这可以说明现在世界生物种类为何如此繁多。当然,生物种类多样性的原因还包括基因突变和染色体变异,这在后面还要讲到。

孟德尔规律还可帮助我们更好地理解为什么近亲不能结婚的原因。由于有些遗传疾病是由隐性遗传因子控制的,这些遗传病在通常情况下很少会出现,但是在近亲结婚(如表兄妹结婚)的情况下,他们有可能从共同的祖先那里继承相同的致病基因,从而使后代出现病症的机会大大增加。因此,近亲结婚必须禁止,这在我国婚姻法中已有明文规定。

实践应用

孟德尔遗传规律在实践中的一个重要应用就是在植物的杂交育种上。在杂交育种的实践中,可以有目的地将两个或多个品种的优良性状结合在一起,再经过自交,不断进行纯化和选择,从而得到一种符合理想要求的新品种。比方说,有这样两个品种的番茄:一个是抗病、黄果肉品种,另一个是易感病、红果肉品种,现在需要培育出一个既能稳定遗传,又能抗病,而且还是红果肉的新品种。你就可以让这两个品种的番茄进行杂交,在 F2 中就会出现既抗病又是红果肉的新型品种。用它作种子繁殖下去,经过选择和培育,就可以得到你所需要的能稳定遗传的番茄新品种。

方法论成就

孟德尔之所以成功地"确立杂种形成和发育的普遍规律",不只是选材得当,思路缜密和推理正确,并且更因其研究方法集前人之大成而技高一筹。姚德昌将其概括为如下几点,(1)他选择严格自花授粉的豌豆作为研究对象,避免了天然杂交的污染,同时所选用的豌豆品种都带有鲜明的一个或两个以上遗传性状,便于得出结论。(2)他把一个性状看成是一个遗传单位,从单位性状的遗传分析着手,自简及繁,而不像前人那样一概而论,所有性状混在一起进行观察。尤其是回交方法的运用,直接证明因子在杂交种相互分离,从而作出比前人正确的解释。(3)采用系谱记录方法,有利于分析比较双亲和后代中所出现的质量性状。(4)运用统计方法计算杂种后代不同类型个体数目和比例,把遗传现象的研究建立在较为精确的数量分析的基础上,从而由概率、统计规律找到遗传因子组合规律,成为"生物学中切实运用严格数学思维的创始人"。(5)特别与众不同的是,他分析了统计数据,运用假设和逻辑推理,提出一个合理的假说。

孟德尔通过杂交创立的遗传分析的遗传学方法,与细胞学方法、物理学化学方法、数学统计方法构成现代遗传学研究的四大方法。基于这种方法,揭示出遗传现象的颗粒性与不连续性之本质,奠定了遗传的基本规律;用实验驳倒了获得性遗传和当时流行的融合遗传(认为任何个体都是双亲液体遗传物质融合的产物,两种液体一旦融合,其特性均有所耗损,因此杂交会使变异消失。这是达尔文时代流行和达尔文信奉的融合遗传理论),在遗传学知识上揭开了一个新的时代,对进化论的发展也做出了重大建树。

第九章

沃森—克里克 DNA 双螺旋假说

让快乐伴学习左右，充分发挥主观能动性，有助于培养创造性思维。

——沃森和克里克

詹姆斯·沃森(James Watson, 1928—   )美国生物学家,美国科学院院士。1928 年 4 月 6 日生于芝加哥。1947 年毕业于芝加哥大学,获学士学位;后进印第安纳大学研究生院深造;1950 年获博士学位后去丹麦哥本哈根大学从事噬菌体的研究;1951—1953 年在英国剑桥大学卡文迪什实验室进修,1953 年回国,1953—1955 年在加州理工大学工作;1955 年去哈佛大学执教,先后任助教和副教授,1961 年升为教授。在哈佛期间,主要从事蛋白质生物合成的研究。1968 年起任纽约长岛冷泉港实验室主任,主要从事肿瘤方面的研究。1951—1953 年在英国期间,他和英国生物学家克里克合作,提出了 DNA 的双螺旋结构学说。这个学说不但阐明了 DNA 的基本结构,并且为一个 DNA 分子如何复制成两个结构相同 DNA 分子以及 DNA 怎样传递生物体的遗传信息提供了合理的说明。DNA 的双螺旋结构学说被认为是生物科学中具有革命性的发现,是 20 世纪最重要的科学成就之一。由于提出 DNA 的双螺旋模型学说,沃森和克里克及威尔金斯一起获得了 1962 年诺贝尔生理学或医学奖。著有《基因的分子生物学》《双螺旋》等书。此外,他还获得了许多科学奖和不少大学的荣誉学位。

弗朗西斯·克里克(Francis Crick, 1916—2004)生于英格兰中南部一个郡的首府北安普敦。小时酷爱物理学。1934 年中学毕业后,他考入伦敦大学物理系,3 年后大学毕业,随即攻读博士学位。然而,1939 年爆发的第二次世界大战中断了他的学业。1950 年,也就是他 34 岁时考入剑桥大学物理系攻读研究生学位。1951 年,美国一位 23 岁的生物学博士沃森来到卡文迪什实验室,克里克同他一见如故,开始了对遗传物质脱氧核糖核酸 DNA 分子结构的合作研究。1962 年获诺奖后,克里克又单独首次提出蛋白质合成的中心法则,即遗传密码的走向是:DNA→RNA→蛋白质。他在遗传密码的比例和翻译机制的研究方面也做出了贡献。1977 年,克里克离开了剑桥,前往加州圣地亚哥的索尔克研究院担任教授。2004 年 7 月 28 日深夜,克里克在与结肠癌进行了长时间的搏斗之后,在加州圣地亚哥的桑顿医院逝世,享年 88 岁。

莫里斯·威尔金斯(Maurice Wilkins, 1916—2004)出生于新西兰,是一位英国分子生物学家,专注于磷光、雷达、同位素分离与 X 光衍射等领域;在伦敦国王学院期间解开了 DNA 分子结构。威尔金斯在国王大学的同事罗莎琳·富兰克林,也是这项研究的主要贡献者之一,但因病逝世,无缘得奖。

1953 年 4 月 22 日,英国科学杂志《自然》发表了两位年轻的科学家——美国的沃森和英国的克里克合作写的论文《核酸的分子结构——脱氧核糖核酸的结构》。这篇文章成功地提出了 DNA 双螺旋假说。对遗传机制感兴趣的多数生物学家很快就认识到,从携带遗传信息的生命大分子角度研究遗传学的时代到来了。沃森、克里克这一成就被誉为 20 世纪生物学上最伟大的发现之一,可与前一世纪达尔文和孟德尔的成就相媲美。那么,这项成就是在什么学科背景下取得的呢? 是如何从科学疑问到科学假说的提出、并得到证实的呢?

历史背景

遗传物质之争

在 20 世纪之前,生物学家已经为我们揭示一些生物体的秘密:生物体是由细胞构成的,而细胞由细胞膜、细胞质和细胞核等组成。在细胞核中有一种物质叫染色体,染色体是非常重要的,因为决定生物遗传特性的遗传因子——基因,就隐藏在染色体内。

"遗传因子"概念的提出者是奥地利科学家孟德尔。19 世纪 60 年代,他通过豌豆实验发现了植物遗传的规律,第一次提出了"遗传因子"(后来称之为"基因")的概念,认为它存在于细胞之内,是决定遗传性状的物质基础。但是由于孟德尔提出的概念过于超前,以至于在作出这一重要发现后的三十多年时间里,生物遗传的奥秘仍然披着神秘的面纱。

20 世纪 20 年代,美国遗传学家摩尔根发表了著名的基因论。他用大量实验证明，基因是组成染色体的遗传单位，在染色体上占有一定的位置和空间，呈线性排列。这一观念构成了经典遗传学的核心思想。但是，基因到底是什么物质呢？当时，生物学家已经弄清楚染色体的基本成分是蛋白质和核酸，而核酸又有两大类：脱氧核糖核酸（DNA）和核糖核酸（RNA）。究竟哪一个有资格充当遗传物质的载体？

蛋白质的发现比核酸早 30 年，人们已经明确蛋白质是由 20 种不同氨基酸以肽键相接的大分子，种类繁多，功能多样，因此，当时大多数学者都认为基因是蛋白质组成的。1928 年，美国科学家格里菲斯做了一个实验，他准备了两种链球菌株，一种是有荚膜、有毒的 S 菌株，一种是无荚膜、无毒的 R 菌株。格里菲斯将 S 菌株注射入老鼠体内，结果老鼠染病死亡；将 R 菌株注射入老鼠体内时，老鼠没有染病。格里菲斯又用加热的方法将 S 菌株杀死，再注射入老鼠体内，发现老鼠没有染病；而将死去的 S 菌株和正常的 R 菌株混合，再注入老鼠体内，老鼠仍然染病死亡，从死去的老鼠体内还可以分离出活的 S 菌株，格里菲斯认为遗传物质使致病的基因从死亡的 S 菌株向活的 R 菌株中转移。这就是著名的转化实验，由于在加热过程中蛋白质会遭到破坏，而核酸不受影响，因此，这一实验第一次证明了遗传物质包含在核酸内。

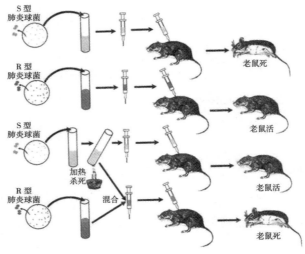

▲ 格里菲斯肺炎双球菌转化实验

揭示生命之谜

科学假说的提出，尤其是划时代意义的假说，几乎总是建立在对数十年科学难题的解惑工作之上，期间有无数的科学家都为此假说的提出提供了实验材料和理论假想等。为了解开生物遗传之谜，揭示遗传的物质载体及其结构、机制，至少有十几位大生物学家对此作出巨大的努力。概括而言，为双螺旋结构的诞生铺平了道路的主要包括三个学派的工作，分别是生化学派、结构学派和信息学派。

生化学派的工作

生化学派的代表人物是比德尔（G. W. Beadle，1903—1989 ）、塔特姆（E. L. Tatum，1909—1975）和艾弗里（O. T. Avery，1877—1955）等。

比德尔和塔特姆用 X 射线照射正常的链孢霉孢子，增加突变型，然而将处理过的孢子放在相对接合型的原子囊果上杂交；将成熟的子囊果取出囊孢子接种到完全培养基上，再将每一株链孢霉接种到基本培养基上，以及含有不同生长因素的补加营养基上，进行生化测定，以确定营养缺陷型突变菌种缺乏应该补加的何种物质，进而分析出基因是如何控制生化反应的。比德尔和塔特姆通过实验和分析发现，一种突变只阻断某一生化反应，而每一种生化反应都需要一种酶。由此，比德尔和塔特姆提出：基因突变完全可以引起酶的改变，"一个基因一个酶"。

之后，美国科学家尼尔（J. V. Neel）、鲍林（Linus Paulin）和英格拉姆（V. M. Ingram）相继证明人类的镰刀形细胞贫血症是一种遗传病，这种病人的血红蛋白与正常人血红蛋白的氨基酸组成不同，而且仅有一个氨基酸之差。

艾弗里、麦克劳德（C. MacLeod）和麦卡蒂（M. McCarty）于 40 年代中期（1944 年发表）进行的关于"转化因素"的研究。"转化因素"是英国科学家格里菲斯

▲ 艾弗里

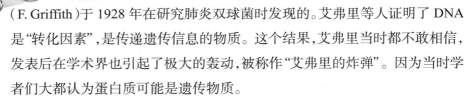

（F. Griffith）于 1928 年在研究肺炎双球菌时发现的。艾弗里等人证明了 DNA 是"转化因素"，是传递遗传信息的物质。这个结果，艾弗里当时都不敢相信，发表后在学术界也引起了极大的轰动，被称作"艾弗里的炸弹"。因为当时学者们大都认为蛋白质可能是遗传物质。

1951 年和 1952 年，赫尔希（A. Hershey）和蔡斯（M. Chase）利用噬菌体（寄生于细菌里的病毒）感染病毒的实验，进一步证实了艾弗里等人的结论：DNA 是遗传物质。

结构学派的工作

结构学派对于分子生物学的产生及发展的主要贡献是对于 DNA 晶体结构的研究。研究的手段是 X 射线衍射技术，这项技术是英国科学家布拉格父子（H. W. Bragg 和 W. L. Bragg）发明和发展的，他们最初利用这项技术研究无机物，后来用这项技术研究有机物。

▲ 威尔金斯

▲ 富兰克林

从 20 世纪 30 年代末到 50 年代末，布拉格实验室的肯德鲁（J. C. Kendrew）和佩鲁茨（M. Perutz）利用这一技术研究了血红蛋白和肌红蛋白的结构。尤其重要的是，他们发现了血红蛋白分子的"活性部位"所处部位的特征，从而表明研究大分子的三维空间结构对于了解大分子的功能是至关重要的。他们利用 X 光衍射技术对蛋白质分子结构的研究所取得的成果，极大地激励人们利用相同的技术去研究核酸的分子结构，尤其在 40 年代中期艾弗里等人证明了 DNA 是遗传物质之后。到了 50 年代初，英国伦敦王室学院的威尔金斯（M. Wilkins）和富兰克林（R. Franklin）利用 X 光衍射技术研究 DNA 的晶体，取得了许多对分子生物学的创立来说是至关重要的成果。他们与 DNA 双螺旋模型的提出者沃森和克里克有过重要的交流。

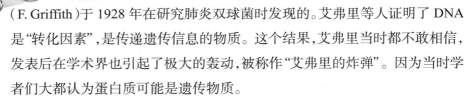
科学十大假说
KEXUE SHIDA JIASHUO

信息学派的工作

信息学派与物理学、特别是量子物理学有着密切的关系。著名物理学家玻尔（Niels Bohr）提出生物学的研究应该运用新的概念和方法，借鉴物理学的新成果，这样才能上升到新的认识水平。玻尔的这一思想在物理学界产生了极大的影响，并促使他的得意门生德尔布吕克（Max Ludwig Henning Delbrück）由物理学领域转向了生物学领域（先是遗传学，后是神经生物学，在当时均属生物学的新兴学科）。

▲ 德尔布吕克

德尔布吕克将许多新思想和新方法带到了生物学领域。1935 年他就提出过基因的模型，建立模型的方法在 20 世纪 30 年代的物理学和化学及数学中比较常见，在生物学研究中却很少运用。德尔布吕克还提出过遗传物质，作为生命的信息，除了能世代传递外，还应该具有自我复制和控制性状合成的作用。此外，德尔布吕克等人所从事的噬菌体研究，为遗传学注入了新的血液。

1944 年，另一位著名物理学家薛定谔（Erwin Schrödinger）出版了《生命是什么》。书中指出："生物学的核心问题决不是热力学问题，而是信息问题，即信息的编码、信息的传递、信息的稳定性和信息的变异问题。"薛定谔的这种从信息角度考虑生命问题的观点影响了整整一代年轻科学家的思想，一些生物学家看了这本书后获得了不少灵感，如沃森；一些物理学家由于看了这本书转向了生物学领域，如克里克。

▲ 薛定谔

这时的结构学家、生化学家、信息学家都各自在独立的研究领域中奋力揭示生命之谜。

沃森和克里克的曲折探索

在分子生物学即将诞生的前夜，沃森和克里克都经过数年曲折的探索，几经改行，三易其师，最后才殊途"同归"——确定了共同的研究方向。

沃森是一个神童，在无线电方面显得极有才能。他 15 岁进芝加哥大学学习动物学，幻想当鸟类学家。毕业前夕，被薛定谔的《生命是什么》迷住，立志寻求基因的秘密。1947 年申请进入加州理工学院和哈佛大学均未成功。他后来投奔了印第安纳大学马勒（H. Muller）和果蝇学派。但不久就发现，马勒对回答薛定谔的挑战没有什么帮助，果蝇作为遗传学材料的最好时期已经过去了。他于是拜师卢里亚（S. Luria），攻读遗传学博士学位，并参加了德尔布吕克领导的噬菌体小组，成了对遗传学研究卓有贡献的"信息学派"成员。然而，德尔布吕克忽视生化学派和结构学派的工作，希望单单用遗传方法就能解决基因遗传问题。对此，沃森不敢苟同。他相信，如果人们要知道基因如何行动，那么了解基因由什么构成将是有用的。就这样，沃森在获得博士学位后又去了哥本哈根实验室，从师卡尔喀（H. Kalckar）研究生物化学。但卡尔喀对核酸化学并不感兴趣，也看不出他当时研究的核苷酸代谢的课题与遗传学有什么直接联系。

1951 年春，沃森参加了在那不勒斯召开的一个关于活细胞大分子结构的小型科学会议。会上，伦敦皇家学院晶体学家威尔金斯（M. Wilkins）作了关于核酸方面的报告，并放映了 DNA 的 X 射线衍射图。沃森猛然醒悟，认为 X 射线晶体学是一把有可能解开生命奥秘的钥匙。他热切期望与威尔金斯一起做 DNA 的研究工作，但未能如愿。最后，他投奔了剑桥大学卡文迪什实验室。就在那里，沃森与克里克相遇，并开始了现代生物学史上最富成效、最激动人心，也许是谜一般的合作。

克里克是转向分子生物学的物理学家之一。他的博士导师，最初是安德里德。由于受玻尔和薛定谔等人的影响，他确信转入生物科学领域的重要意义，因而计划学习脑生物学或分子生物学。他认为这是"生命和非生命之间的分界线"。1947 年 9 月，克里克来到剑桥大学斯坦基威斯实验室，在希尔（A. V. Hill）指导下重新开始了研究生的学习。他曾想拜贝尔纳（J. D. Bernal）为师，从事核酸和蛋白质的 X 射线结晶学工作，但被拒绝。1949 年，他摆脱了"无关紧要"的细胞学工作，去卡文迪什实验室，在佩鲁兹指导下作有关多肽和蛋白的 X 射线研究的博士论文。

克里克发现沃森是一位在遗传学上很有造诣的生物学家，并且要急于了解在分子水平上基因是如何活动的。沃森则发现克里克是一位不仅了解 X 射线结晶学，而且是一个主要对基因结构与生物学功能关系感兴趣的物理学家。这使沃森感到很新鲜而且深受鼓舞。他们共同合作，很快选定了研究课题，这就是用建立模型的方法解决 DNA 的结构问题。

在曲折的道路上，经过数年努力，沃森、克里克终于认识到了 DNA 的生物意义，X 射线数据的重要性及其在建立模型上的潜力。这就使他们有可能摆脱 30 年代、40 年代长期的失败和陷阱，独辟蹊径，开始新的攀登。但是，尽管如此，他们仍然有一年半之久，徘徊在错误的路途上。在提出各种可能的、但不一定正确的假说时，一再地遭受挫折。

假说的演进过程

从三链模型开始

1951 年 10 月，沃森和克里克在决定研究 DNA 结构之后，就立即着手设计一种分子模型。他们首先假定 DNA 结构是螺旋型的。这种构型在当时已经是一种明朗化了的猜测。其次，他们假定 DNA 分子含有许多有规律地直线排列的核苷酸。因为托特实验室的化学家认为这是核酸的基本排列方式；威尔金斯和富兰克林（R. Franklin）也指出，DNA 分子是堆积在一起而形成结晶聚合体的。

同时，针对 DNA 含有四种不同的核苷酸，沃森、克里克进一步大胆猜测

其中的碱基顺序是很不规则的。因为如果碱基顺序总是一样的话,那么所有的 DNA 分子就都相同,也就不存在基因的多样性了。

11 月 16 日,沃森参加了富兰克林召开的一个关于她过去半年工作总结的讨论会。第二天,克里克马上就抓住新测得 DNA 样品中水含量的问题,用数学方法作出了理论解释。他和沃森兴致勃勃地讨论了 DNA 结构的几种可能类型,得出以糖和磷酸骨架为中心的模型。

他们苦苦思索,模型中的多核苷酸究竟是一条呢,还是两条、三条甚至是四条? 结果放弃了只有一条螺旋的想法,因为这与手头的资料不相符合。至于多核苷酸之间由什么力量维系的问题,他们觉得最好的设想是盐键。在这种盐键里,二价正离子如 Mg^{2+} 可以维系两个或更多的磷酸基因。

下一步就是动手建造模型,这也是一件够麻烦的事。虽然只涉及 15 个原子模型,但用一些蹩脚的夹子很难把它们固定在彼此保持正确距离的位置上。更伤脑筋的是几种很重要的原子的键角仍未测量过。经过苦思冥想,他们设计出磷酸二酯键的一种形状,于是又振奋起来。他们把三条多核苷酸键以一定方式彼此缠绕在一起,做出了一个沿螺旋轴每隔 28Å 绕一周的螺旋模型。

接着,他们用富兰克林的定量分析方法对模型进行了验证。结果显示,这个模型和 X 射线衍射图谱没有多大出入。因为他们对所用的基本螺旋参数都进行过选择,使其和 11 月 16 日学术会议上介绍的情况相吻合。于是,他们决定打电话给威尔金斯,告诉他刚刚获得一项成果,这很可能就是所期望的答案。希望他能亲自来观看探讨。

当威尔金斯和富兰克林一行四人到来后,克里克十分兴奋地向他们介绍了螺旋理论,并在几分钟内就说明了用贝塞尔函数获得漂亮答案的方法。然而来访者中却没有人愿意分享他的快乐。当克里克谈到在这个由三条多核苷酸链组成的模型中,磷酸基因之间是由 Mg^{2+} 离子连接时,马上遭到富兰克林的反驳。她直截了当地指出,Mg^{2+} 离子由水分子外壳紧密地包围着,因而它不可能是一个紧凑结构的主要成分。沃森这时也非常不安地发觉记错了富兰克林所测的 DNA 样品的含水量。正确的 DNA 模型至少应该比他们模型中的水多 10 倍。

沃森和克里克深深地陷入了困境，假说经受不了科学事实的检测，第一次雄心勃勃的尝试就这样以失败告终了。

同类配对再遭挫折

命运不济的三链模型无可奈何地被否定了，意想不到的打击又接踵而来。沃森的奖学金被中断了；克里克被认为是在惹事生非。布拉格（W. L. Bragg）宣布要他们放弃 DNA 结构的研究，分子模型的装配架也被运到伦敦威尔金斯实验室去了。

由于研究陷入了困境，沃森、克里克只好忍气吞声。这时他们才看清 DNA 结构问题的真正难度。他们必须作更充实的准备，作更多的"智力投资"。在那些"阴冷的日子"里，沃森暂时转向对烟草花叶病毒的研究，以此作幌子，对 DNA 继续探索下去。他力图尽量多地学习理论化学方面的知识，翻阅各种杂志，寻找有关 DNA 结构的资料。克里克似乎也重新去搞他的蛋白质研究，以凑合博士论文了。可是实际上他仍在频繁地与各方面有关学者接触、密切注视晶体分析的进展，留心遗传学的新成就。

在一年的智力投资中，沃森、克里克无论是交谈、吃饭、睡梦、乘火车、看电影、瞅螺旋楼梯，或是挤在壁炉边上取暖，他们都在如醉如痴地思索着 DNA 结构。他们从生化学家查戈夫（E. Chargaff）了解到等量碱基对规律，即在 DNA 中腺嘌呤（A）分子的数目和胸腺嘧啶（T）分子的数目几乎相等，而鸟嘌呤（G）分子数和胞嘧啶（C）分子数又极其接近。通过与年轻的理论化学家格里菲思（J. Griffith）交谈和探讨，得知碱基之间的结合力是 A 吸引 T，G 吸引 C，碱基不是同配，而是异配形式。克里克对此反复作了十分认真的研究。

1953 年 2 月初，他们看到了鲍林关于建立 DNA 三链结构模型的论文复本。鲍林的工作极大地激发了他们竞争、拼搏的激情。鲍林的模型与他们一年多前的模型十分相像。从他的失败中，沃森、克里克不仅清楚地看到他们的工作还是领先的，而且更意识到 DNA 结构已经到了随时都有可能迎刃而

解的关键时刻。

这一次,沃森决定要制作一个双链模型。他从威尔金斯那里看到富兰克林取得的 B 型 X 射线图像,尤其是生物界频繁如现的配对现象启示他,在双链和三链模型之间,应该作出双链的选择。

在磷原子模型准备就绪后,沃森就按照自己的设想,整整花了一天半时间,想搞出一个双链骨架在中心的 DNA 模型。从立体化学角度看,所有与 B 型 X 射线证据相符的模型都不如前一个三链模型完善。克里克鼓励沃森把骨架放在外面。沃森思索再三,改变了主意。他绞尽脑汁,试图解决用碱基之间的氢键把交织的多核苷酸链联结在一起这一令人头痛的问题。

2 月 19 日,沃森在纸上画 A 的结构式时,豁然开朗,受到一个颇为重要的启示。他忽然想到在 DNA 结构中,A 残基之间形成的氢键和在纯 A 结晶中的氢键是相似的。因此,一个 A 残基和与它成 180°旋转的有关 A 残基之间可能形成两个氢键;而同样两个对称氢键则可以把一对 G、一对 C 或一对 T 联结起来。于是沃森设想,每个 DNA 分子也许都是由相同碱基顺序的双链构成的;而这两条链又是通过相同碱基对之间的氢键连在一起的。这样,基因复制就起始于它的两条相同链的分离。然后,在两条亲代模板上便产生出两条新的子代链,于是就合成了两个和原来分子一样的 DNA 分子。

沃森对自己"同类配对"这一绝妙的发现惊喜交加。虽然还有一些问题尚未解决,他仍兴奋得彻夜难眠,成对的腺嘌呤幻影在他眼前翩翩飞舞。第二天一早,他就急忙把这一喜讯写信告诉了德尔布吕克,宣告了同类配对模型的建立。

然而好景不长,到第二天中午,沃森的黄粱美梦就烟消云散了。与克里克同一办公室的化学家多诺休(J. Donohue)指出,他选择的 G—T 互变异构形式是错误的,该用酮型,而不应用烯醇型。沃森十分沮丧,希望能找到什么绝招来拯救他的"同类配对"观点。可是克里克指出,他的模型既不符合 X 射线图谱且不能说明查戈夫规律。就这样,第二个模型刚刚诞生就死了。

双螺旋结构假说的建立

多诺休对"同类配对"的证伪,既给了沃森致命一击,更触发了克里克的灵感,他立即想到酮型碱基配对可以说明查戈夫规律。对于这个使人豁然开朗的时刻,他写道:"多诺休和沃森在黑板旁,我在我们的书桌旁,突然我们想到:'好了,也许我们能以配对的碱基解释1∶1的比例了。'这似乎好得让人难以置信。于是,这时(2月20日,星期五)我们三人都有了这种想法,即我们应把碱基放在一起,使之形成氢键。"

由于采用了错误形式的碱基,一直难于想象氢键;又因为空间距离太远,以致这些氢键不易形成。可是,采用新形式的碱基后,便完全可能形成氢键了。剩下的问题是:哪个碱基同哪个碱基键合?

2月21日清晨,沃森开始用氢键维系的碱基配对试验。他把碱基模型移来移去,寻找各种配对的可能性。突然,他发现一个由两个氢键维系的 A—T 竟然和一个至少由两个氢键维系的 G—C 具有相同的分子形状及直径。看来,所有的氢键都是自然形成,并不需要人为的加工。沃森急忙请来多诺休,询问对此是否仍有反对意见。这一回多诺休认可了。

沃森精神大振。他一下子全明白了,嘌呤的数目为什么会和嘧啶数目完全相同的谜,看来就要解开了。如果一个嘌呤总是通过氢键同一个嘧啶相连,那么,两条不规则的碱基顺序就可能被规则地安置在螺旋的中心。而且,要形成氢键,这就意味着 A 总是和 T 配对,而 G 只能和 C 配对。这样一来,查戈夫规律也就一下子成了 DNA 双螺旋结构的必然结果。更令人兴奋的是,它比沃森曾一度设想过的同类配对机制更令人满意。两条相互缠绕的链上碱基顺序是彼此互补的,只有确定其中一条链的碱基顺序,另一条链的碱基顺序也就自然确定了。因此,一条链怎样作为模板合成另一条具有互补碱基顺序的链,也就不难设想了。

两天后,一个完整的、既符合 X 射线数据又和立体化学原理相一致的模型制成了。这个模型包括两个彼此缠绕的螺旋体,就像一种螺旋楼梯,阶梯由配对的碱基构成，糖—磷酸骨架在外侧。待沃森装配就绪后，克里克又进行了仔细的检查。他几次皱起眉头，使沃森多少有点"如临深渊，如履薄冰"的感觉。但克里克并未找出任何差错来。

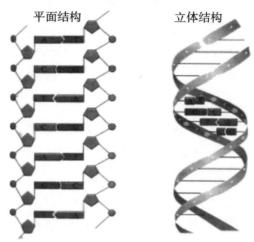

平面结构 立体结构

▲ DNA 双螺旋结构及碱基配对示意图

到 25 日晚上，原子间距的最后调整工作也完成了。由于缺乏准确的 X 射线的资料，沃森、克里克还不敢断定眼前的构型是完全正确的。然而他们都有着明确的信念：从美学的观点来看，如此高雅、绝妙的一种结构，简直非存在不可。

▲ DNA 双螺旋结构

为了听取同行的鉴定,经受验证,他们邀请威尔金斯来观看。与 16 个月前的惨败情景相反,威尔金斯对这个将揭示遗传物质自我复制机制的螺旋结构感到万分激动。他详细地研究了互补双螺旋结构,并于两天后从伦敦打电话给沃森、克里克,告知富兰克林和他通过对 DNA 进行 X 射线结构分析的研究,证实了双螺旋假说的正确性。富兰克林深知碱基对的妙处,认为这样绝妙的结构当然是不会错的。

布拉格看到这项成果是如此出乎意料的漂亮,感到由衷的高兴。德尔布吕克则在给他们二人的信中写道:"我有一种感觉,如果你们的模型是正确的,如果所建议的有关复制的本质有一点正确的话,那么地狱之门就会打开,理论生物学就将进入一个最为激动人心的时期。"

经过一个月的消化,尤其是沃森在巴斯德研究所得到一个关键性的消息,生化学家怀特(G. Wyatt)和科恩(Seymour Cohen)、赫尔希以非常精确的数据证实腺嘌呤、胸腺嘧啶以及鸟嘌呤都与胞嘧啶等量。他们证明 T2,T4,T6 噬菌体内含有一种弱型胞嘧啶——5-羟甲基胞嘧啶,其数量与鸟嘌呤相等。这就为双螺旋结构又提供了一个有力的证据。

4 月 25 日、5 月 30 日,沃森、克里克连续在《自然》杂志发表了《核酸分子结构——脱氧核糖核酸的结构》与《脱氧核糖核酸结构的遗传学意义》,向全世界公布了他们的 DNA 双螺旋假说。该假说提出,DNA 是以脱氧核苷酸为基本单位连接起来的长链状物质,核苷酸则是由磷酸、碱基和糖(脱氧核糖)结合而成。碱基有 4 种,一般是 A(腺嘌呤)、T(胸腺嘧啶)、G(鸟嘌呤)和 C(胞嘧啶)。DNA 就是核苷酸连成长链形成的双螺状大分子,生命信息的结构取决于这种大分子中 4 种碱基如何排列。其原理就像按一定顺序排列字母书写成文章一样。假说的核心是指出这种信息按"碱基配对法则"复制,即碱基 A 只能和 T、碱基 G 只能和 C 配对。由于配对的碱基之间仅依赖氢原子的微弱力——氢键——结合,因而只要用很小的能量就能把多核苷酸的两条链打开,分离成单股的多核苷酸链。两条分开的单链都可作样板,按照"A∶T"和"G∶C"的配对法则重新形成新的 DNA 链,这样就产生了两组与原来的

DNA 链一模一样的双螺旋。

当然，作为假说，沃森、克里克郑重其事地强调：关于双螺旋结构，"至今，我们只能说它与实验资料粗略地相符合，但在没有用更加精确的结果检验以前，还不能说它已经得到了证明"。同样，"现在，我们提出的脱氧核糖核酸复制的一般概念，应该看作是一种推测。即使这种观点是正确的，要详细描述遗传复制机制需要很多新的发现。"

假说的正确性不久即为实验所证明。1956 年，科恩贝格（Arthur Kornberg，1918—2007）成功地分离出一种酶，它使 DNA 起聚合作用。1957 年，德尔布吕克和斯坦特称这种复制过程是"半保留复制"。因为在 DNA 酰基复制时，原来的 DNA 的每一个链都进入新的双螺旋中去了。1958 年，梅泽尔森（Meselson）和斯塔尔（Stahl）成功地分析了胸腺嘧啶，它在体内复制时显现出放射性。1963 年，凯恩斯（Cairns）成功地对细菌的 DNA 做了类似的实验。所有这些工作都表明，双螺旋被分开，碱基对被分开，而且两条 DNA 链带被重新组成双链。

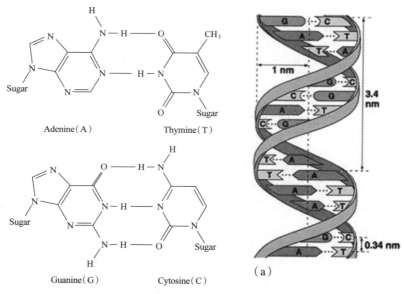

▲ DNA 双螺旋二级结构

194

双螺旋结构假说的证实

DNA 双螺旋模型如果是成功的,必须经得起实验的检验,必须具有巨大的解释力和预见性。反过来,实验的证明和理论的拓展又是模型成熟的标志。

沃森—克里克的双螺旋模型提出后, 立即得到科学界的公认与接受,包括两个最积极地竞争的实验室——鲍林与威尔金斯的实验室。这个模型完美地说明了遗传物质的遗传、生化和结构的主要特征,并与所有关于 DNA 的研究资料相吻合。在生化和结构水平上, 解释了双螺旋所特有的 X 射线数据:DNA 分子的固定直径,碱基的有规律的间隔堆积,以及 1∶1 的碱基比例等。从生物学角度(功能)上看,它解释了自催化和异催化,并提出了 DNA 贮存遗传信息的机制。自催化或 DNA 复制的基础在于双链的互补性。正如他们发表在《自然》杂志的论文的结尾谦虚地说:"这一点并没有逃脱我们的注意,即我们所假设的两条DNA链的特定配对,直接提示了遗传物质一个可能的复制机理。"

按照沃森—克里克提出的复制机理,DNA两条链分开后各自都能作为复制新链的模板, 而复制时, 两条模板按照碱基互补配对原则吸引带有互补碱基的核苷酸,并形成两条新的互补链,结果原来的一个DNA分子就形成两个与亲代完全相同的子代 DNA 分子。这样,复制出来的每一个 DNA 分子都包含一条原有分子中的"老"链和一条"新"链。因为原来 DNA 分子中的一半在复制 DNA 分子中被保留下来了,所以称这种复制为半保留复制。

1958 年,美国的梅塞尔森(M. Meselson)和斯塔尔(F. W. Stahl)先把亲代与子代的双链 DNA 用不同分子量的同位素标记起来,然后采用 CsCl 密度梯度超速离心技术把它们分离出来,测定不同链的含量。实验结果同沃森—克里克的半保留复制机制所预料的结果完全一致, 从而证明 DNA 复制的确是半保留性的。而 DNA 自我半保留复制又是支持 DNA 双螺旋结构模型的有说服力的证据之一。

支持 DNA 双螺旋结构模型的又一证据是 DNA 的离体合成实验。1957

年，Kornberg 在试管中用脱氧核苷酸合成了 DNA。他用 4 种脱氧核苷三磷酸、DNA 多聚酶以及现存的 DNA 作为引物，合成了新的 DNA。经分析，发现新合成的 DNA 中，A=T，C=G，而且（A+T）/（C+G）完全与加进去的现存 DNA 相同，这就证明了新 DNA 是以现成 DNA 为模板复制来的。

DNA 双螺旋结构模型解释了基因线性顺序的本质，揭示了基因精确复制的机制，用化学术语解释了突变的本质，指出突变、重组在分子水平上是不同的现象。虽然它未能为异催化即基因控制蛋白质合成问题提供机制，但为解决这一问题指明了方向。关于遗传信息如何流动的问题，现在就表现为 DNA 中一条链的碱基顺序如何被翻译为蛋白质中一定氨基酸顺序的问题。随着 DNA 双螺旋模型的建立，这些问题以及一系列复杂问题都迎刃而解了。

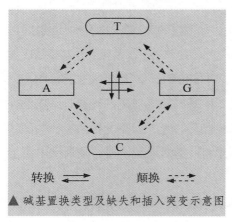

▲ 碱基置换类型及缺失和插入突变示意图

双螺旋的发现揭示了遗传的奥秘，DNA 模型告诉人们遗传信息都写在 DNA 这本"书"里，是它决定了病毒为什么会成为生命的"瘟疫"，细菌为什么那么善变，老鼠为什么生来就会打洞，马为什么跑得那么敏捷，人为什么会成为万物之灵，等等。然而它是如何决定生物性状的呢？即是说 DNA 是如何决定蛋白质的合成的呢？这些问题有待双螺旋假说的进一步发展，即遗产密码的破译，才能得到解决。

假说的发展：遗传密码的破译

伽莫夫与 DNA 三联密码假说

DNA 双螺旋结构被发现后，极大地震动了学术界。一时间，遗传学成为分子生物学研究的热门课题。当时人们已经知道，遗传信息传递的方向是，DNA 将遗传信息转录给 RNA（RNA 也因此被称作信使 RNA），然后 RNA 再将 DNA 的转录信息变成蛋白质中的氨基酸序列。这就是遗传学里的"中心法则"。但是，DNA 由 4 种核苷酸组成，而蛋白质却由 20 种氨基酸组成。4 种碱基是如何排列组合起来才能表达出 20 种氨基酸呢？这就是分子遗传学中著名的"遗传密码"问题，引起了人们的极大兴趣。

1954 年，美籍苏联物理学家伽莫夫提出三联密码假说，指出遗传密码由 3 个核苷酸组成，3 个核苷酸可以转译成一个氨基酸。伽莫夫是 20 世纪著名物理学家，在理论物理学、天体物理学、核物理学、生物遗传学等诸多领域都取得了令人瞩目的成就。不仅如此，他还是位杰出的科普作家，著有《从到无穷大》《物理世界奇遇记》等优秀的科普作品。

1904 年 3 月 4 日，伽莫夫出生在俄国奥德赛。在孩提时代，伽莫夫受到父母良好的熏陶和教育。小时候，母亲给他念法国科幻作家凡尔纳的作品，伽莫夫被小说中神奇的科幻事业所吸引，也梦想着有朝一日能去月球旅行。伽莫夫从小就有动手做实验的兴趣，他曾经把一个普通的小铃铛和一节电池连在一起做成一个电铃。中学毕业后，伽莫夫进了奥德赛诺沃罗西亚大学数理学院学习。在大学里，他学会了诸如抓住问题的要害、突破常规思维方式等经验和技能，这些潜移默化的教育，为他日后成为一名出色的科学家打下了良好的基础。1928 年，伽莫夫在获得列宁格勒大学博士学位后，先后在德国格丁根大学、丹麦哥本哈根大学理论物理研究所和英国剑桥大学卡文迪什实验室师从著名物理学家玻尔和卢瑟福从事研究工作。在格丁根大学期间，伽莫夫成功地将量子理论应用到原子核的研究，解释了 α 衰变。1934 年伽莫夫移居美国，在密歇根大学担任讲师，同年秋天被聘为哥伦比亚特区的华盛顿大学教授。在华盛顿大学工作期间，伽莫夫主要从事宇宙学和天体物理学研究，发展了大爆炸宇宙模型，并且研究了宇宙初始阶段化学元素起源的问题，这个时期是他学术生涯的顶峰，取得了一系列重要的研究成果。

从 1954 年起，伽莫夫担任伯克利加州大学教授，1956 年起任科罗拉多大学教授。也就是从这个时候开始，他将研究中心转向分子生物学。1954年，伽莫夫在《自然》杂志上首次发表了他对遗传密码的理论研究文章。他指出"氨基酸正好按 DNA 的螺旋结构进入各自的洞穴"。伽莫夫设想，若一种碱基与一种氨基酸对应的话，那么只可能产生 4 种氨基酸，而已知天然的氨基酸约有 20 种，因此不可由一个碱基编码一种氨基酸。若 2 个碱基编码一种氨基酸的话，4 种碱基共有 $4^2=16$ 种不同的排列组合，也不足以编码 20 种氨基酸。因此他认为 3 个碱基编码一种氨基酸，就可以解决问题。虽然 4 个碱基组成三联密码，经排列组合可产生 $4^3=64$ 种不同形式，要比 20 种氨基酸大两倍多，但若是四联密码，就会产生 $4^4=256$ 种排列组合。相比之下只有三联体较为符合 20 种氨基酸。伽莫夫还进而指出，三联密码存在冗余量，即一部分密码是简并的。

伽莫夫是用数学的排列组合的方法在理论上作出推测的。当时，伽莫夫对自己的发现很得意，他将 20 称为"生物学上的神奇数字"。伽莫夫的三联密码假说提出后，却没有在生物学家当中获得多少支持者。其中很重要的一个原因，自然是不少人觉得他"不务正业"。但是，克里克却对这个假说情有独钟。1961 年，克里克设计了一个实验，有力地证明三联密码的真实性。他把 T4 噬菌体染色体上的基因作为实验对象，结果发现，当 DNA 中插入一个或两个碱基而引起"移码"时，基因即失去正常功能成为"突变型"。而总共插入 3 个碱基时，突变基因又回复成正常的基因。

遗传密码的完全破译

虽然三联密码的假说被证实了，但伽莫夫最初的猜想中，还是出现了一次错误。也许是考虑到效率的问题，伽莫夫认为一个碱基可能被重复读多次，也就是说遗传密码的阅读是完全重叠的，因此氨基酸数目和核苷酸数目存在着一对一的关系。但事实并非如此。1957 年，英国生物学家布伦纳通过蛋白质的氨基酸序列分析，发现不存在氨基酸的邻位限制作用，从而否定了遗传密码重叠阅读的可能性。同时人们也发现在镰刀形细胞贫血的例子中，血红蛋白中仅有一个氨基酸发生改变,这说明伽莫夫的后一推论是错误的。智者千虑,必有一失。很多著名的科学家也有过类似的失误。在资料较少的情况下,对未知的真理作出推断,难免会发生偏差,但瑕不掩瑜,人们对他们的那种敏锐、大胆、睿智和创新的精神、巧妙的构思仍敬佩不已。

那么,究竟是哪三个核苷酸组成一个密码子来决定哪个氨基酸呢?在三联密码假说被证实后,这个问题就自然而然地摆在了科学家面前。对这个问题的解决,贡献最为卓著的是美国科学家尼伦伯格与美籍印裔科学家霍拉纳。尼伦伯格发明了一种三核苷酸结合技术,并合成了 64 种理论上可能的核苷酸三联体密码子,终于将 64 个密码子的含义一一解读出来(见下图)。霍拉纳则采用自己发明的重复序列技术,按照事先的设计合成具有特定核苷酸排列顺序的人工信使 RNA,并用它来指导多肽或蛋白质的合成,以检测各个密码子的含义,证实了构成基因编码的一般原则和单个密码的词义。霍拉纳确定,在一个分子中,每个三联体密码子是分开读取的,互不重叠,密码子之间没有间隔。

	U	C	A	G	
U	UUU UUC }Phe UUA UUG }Leu	UCU UCC UCA UCG }Ser	UAU UAC }Tyr UAA Stop UAG Stop	UGU UGC }Cys UGA Stop UGG Trp	U C A G
C	CUU CUC CUA CUG }Leu	CCU CCC CCA CCG }Pro	CAU CAC }His CAA CAG }Gin	CGU CGC CGA CGG }Arg	U C A G
A	AUU AUC }Ile AUA AUG Met	ACU ACC ACA ACG }Thr	AAU AAC }Asn AAA AAG }Lys	AGU AGC }Ser AGA AGG }Arg	U C A G
G	GUU GUC GUA GUG }Val	GCU GCC GCA GCG }Ala	GAU GAC }Asp GAA GAG }Glu	GGU GGC GGA GGG }Gly	U C A G

▲ 遗传密码表

在尼伦伯格与霍拉纳等人的共同努力下，1966年，基因密码全部被破译，遗传密码表问世了。遗传密码的破译，是生物学史上一个重大的里程碑，尼伦伯格与霍拉纳也因此于1968年荣获诺贝尔生理学医学奖。

双螺旋的发现不仅揭示了遗传的奥秘，而且促进了生物学的统一。双螺旋结构产生后，60年代遗传密码的破译，是20世纪科学史上最激动人心的大事。这样，人们已经基本上清楚了遗传信息的传递方向。克里克总结了当时最新的遗传成果，提出了分子生物学的"中心法则"，即DNA一方面作为自体复制的模板进行复制，另一方面还以自己为模板合成RNA，并以通过RNA把遗传信息翻译为蛋白质。至此，生物学在分子水平上实现了新的大统一。

第十章

魏格纳大陆漂移假说

　　任何人观察南大西洋的两对岸，一定会被巴西与非洲间海岸线轮廓的相似性所吸引住，不仅圣罗克附近巴西海岸的大直角突出和喀麦隆附近非洲海岸线的凹进完全吻合，而且自此以南一带，巴西海岸的每个突出部分都和非洲海岸的每个凹进的海湾相呼应。反之，巴西海岸有一个海湾，非洲方面就有一个相应的突出。

　　　　　　　　　　　　——魏格纳

の下のキャプション：

▲《海陆的起源》中文版封面

魏格纳(Alfred Lothar Wegener, 1880—1930)是德国气象学家、地球物理学家, 大陆漂移说的创始人。1912 年 1 月 6 日与 10 日, 魏格纳分别在法兰克福地质协会与马尔堡科学协会上作了题为《从地球物理学的基础上论地壳轮廓(大陆与海洋)的生成》及《大陆的水平移位》的讲演, 宣告了大陆漂移假说的诞生。随后他又于 1915 年出版了《海陆的起源》。这部论述新地球观的经典著作一问世, 人们几乎立刻就意识到了这个假说潜在的革命性, 因为它要求对地理学的全部基础进行重新修订。这将会发生一场与"哥白尼时代天文家观念的变革"相媲美的"思想革命"。有学者在评论这一假说对 20 世纪地质学的深远影响时, 说它"可以和达尔文在一个世纪以前对生物学所发生的影响相比拟。

大陆漂移假说的理论背景

　　地球面貌的基本轮廓是如何形成的, 这是大地构造学的一个基本问题, 也是整个地球科学的一个重要问题, 对此长期以来有着种种不同的假说和争论。

　　近代自然科学最初阶段中, 形而上学的地球观占统治地位, 认为地球自古以来毫无变化, 现今的地球基本面貌从来就是这样存在着的。1830—1833 年, 英国地质学家赖尔(Sir Charles Lyell, 1797—1875)在《地质学原理》一书中, 用地球发展的"均变论"观点和"将今论古"方法, 论证了地球有着数亿年演化的历史。赖尔认为地球的变化是古今一致的, 地质作用的过程是缓慢的、渐进的。地球的过去，只能通过现今的地质作用来认识，现在是了解过去的钥匙。他的这种观点被称为"均变论"。赖尔虽然提出变化的观点，但是在地球面貌的基本轮廓方面，并没有完全突破形而上学地球观的束缚。赖尔之后发展起来的近代地质学中，大陆固定、海洋永存观念仍被作为一个定论继承下来，并且得到了地球冷缩说的支持。

为了解决相隔甚远的两个区域之间地质与生态令人费解的相似性，一些科学家提出陆桥说。陆桥说认为，在地质历史时期，两大陆间有过狭长的陆地的连接，称为陆桥（land bridge），生物可以通过它迁移或传播。后来陆桥沉没了，两大陆才被海洋隔开。陆桥说维护了传统的大陆固定观念，所以得到广泛的承认。陆桥说拥护者企图从生物、古生物的亲缘关系，来寻找地球上存在过的各个陆桥。但事与愿违，工作越深入，陆桥说的困难就越多。例如智利的胡安—费尔南德斯群岛的植物区系与邻近的智利大陆植物区系没有亲缘关系，反而同隔着海洋与之离得很远的火地岛、南极洲、新西兰及太平洋诸岛的植物区系有亲缘关系。又如澳洲动物区系中的有袋类、单孔类和邻近的其他群岛不一样，而偏偏和远隔重洋的南美的动物有亲缘关系。诸如此类现象很难再用陆桥说来解释。如果存在长达几百、几千千米的陆桥，后来竟完全销声匿迹，这是不可思议的，并且始终没有找到支持这种现象的任何资料。相隔很远的两个大陆的古气候、地层、构造、岩相等的相似性、连续性等现象，更不是陆桥说所能解释的。例如人们发现北半球没有石炭二叠纪冰川遗迹，但在南半球却普遍存在，包括南美的阿根廷、非洲南部、澳洲南部以及印度的许多地方。假如大陆从来没有移动过，则必然得出几乎整个南半球都曾被冰川覆盖的结论。显然，这是完全不可能的。如果设想南半球陆地曾聚合在一起，只是后来才漂移开来，则南半球冰川范围就不那样大得惊人了。

1852 年，法国的博蒙特（Élie de Beaumont, 1798—1874）提出了地球冷缩说。这一学说认为，地壳因冷却产生收缩，表面形成褶皱山脉。这种学说曾得到普遍承认，并用来解释地球的基本面貌，但也否定了地壳大规模水平运动的存在。20 世纪初，由于开凿辛普朗隧道，清楚地揭露了阿尔卑斯山的第三纪强烈褶皱地层剖面。人们计算，单是形成第三纪褶皱，地壳就须降温2400℃。如果考虑较古地质时期的多次褶皱，那么地壳就需要更大的降温，但这是不可能的。1905年英国乔利(J. Joly, 1857—1923)发现了地壳岩石中的放射元素。大量放射元素蜕变所放出的大量热，会抵消地壳向太空的散热，这就使地球因冷却而收缩的说法行不通了。

1889年，美国地质学家达顿(C. E. Dutton, 1841—1912)创立了地壳均衡说，认为海陆物质成分不同，比重不同，陆地比重比海洋地壳小，所以大陆好像一个浮在海洋地壳上的浮体。通常大陆的重力和浮力相等，大陆处于平衡状态，不会上下运动。地壳均衡实际上是大陆漂移的地质学术语。既然大陆是处于平衡状态的浮体，那么当受到外力作用时，大陆自然可以运动，不仅有垂直运动，更可以有水平运动。到了20世纪初，不少人深入研究地壳均衡说，并多方计算测定均衡面深度。大陆块厚约100千米，浮在地幔之上，这一厚度概念是当时推算的平均均衡面深度。

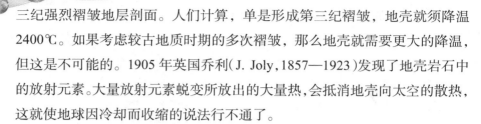

魏格纳大陆漂移说的提出

翻开世界地图册，一个七大洲、四大洋的地球表面就展现在我们眼前。洲洲隔洋相望，洋洋碧水相连。洲分割了洋，洋衬托着洲。海陆的巧妙组合，勾画出弯弯曲曲、曲曲弯弯的界图。大自然的鬼斧神工，为人类造就了许多生息的"板块"。当我们欣赏和惊叹之余，是否会想，地表的这种绚丽奇状从地质纪元来看，是从来如此呢，还是运动变化而成的呢？这正是地质学理论中的一个重大课题。

20世纪初，一个伟大的思想火花闪现了。这就是魏格纳的大陆漂移思想。

1910年的圣诞节期间，魏格纳因病在家休息。他虽然人躺在床上，但勤于思考的脑子却一刻也不肯闲下来，经常凝视着世界地图出神。有一天，他突然被大西洋两边的海岸线极度的相似和吻合所震惊，巴西东端的直角突出部分，与非洲西岸呈直角凹进的几内亚湾非常吻合；自此以南，巴西海岸每一个突出部分,都恰好和非洲西岸同样形状的海湾相对应;相反,巴西海岸每有一个海湾,非洲方面就有一个相应的突出部分。这难道是偶然的巧合?不可能!那么,又是什么原因呢?突然,一个新思想的火花一下子跃入魏格纳的脑际:非洲大陆与南美洲大陆是否曾经贴合在一起,也就是说,从前它们之间并没有大西洋,而是到后来才破裂、漂移而分开的。

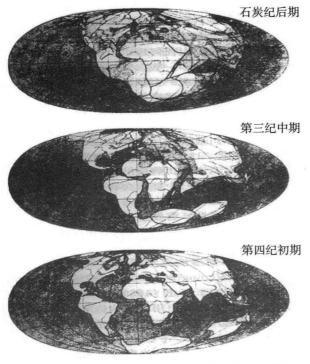

石炭纪后期

第三纪中期

第四纪初期

▲ 魏格纳大陆漂移说中世界三个时期的海陆复原图

魏格纳在 1912 年发表了他的理论,1915 年他又全面系统地阐述了这个新理论。他认为:在地质历史上的古生代,全球只有一块巨大陆地,名为联合古陆(Pangaea),周围是一片大洋。中生代以来,联合古陆开始分裂、漂移,逐渐成为现在的几个大陆和无数岛屿,原来大洋则分割成几个大洋和若干小海。

魏格纳这一大陆横向运动猜测的最初闪现似乎来得偶然,可真实的情形并非如此。大陆漂移的设想早在16世纪随着第一幅世界地图的问世就有人提出。

1569年,荷兰地图学家墨卡托(G. Mercator, 1512—1594)画出历史上最早的一张世界地图,这张地图的出现,是人类地球认识史上的一个重大事件。17世纪初,英国哲学家培根(F. Bacon, 1561—1626)受这张地图的启示,他猜想,大西洋两岸间可能存在某种联系,但他没有对此进行深入的研究,也没有作出任何有意义的解释。1859年,居住在巴黎的美国人安东尼奥·斯尼德·佩雷格里尼写了《创世纪及其未提示的秘密》,在这本边缘科学的著作中,首次提出了原始大陆分裂和组成部分移动的思想。18世纪法国博物学家布丰(Georges Louis Leclere de Buffon, 1707—1788)、19世纪法国地理学家斯尼德—佩利格里尼(A. Snider-Pelligrini, 1802—1885)分别根据大西洋两边大陆的生物和古生物亲缘关系,先后推测大西洋是因大陆漂移而形成的。到了19世纪末,达尔文(G. Darwin, 1845—1912)和费希尔(R. O. Fisher, 1852—1932)曾提出月球来自地球的观点,认为月球原先乃是太平洋中的一块陆地,后来由于地球的旋转而被甩出去;或者是被一颗接近地球的巨大天体的引力而吸引出去的。这种想法在1882年被费希尔加以进一步发展,认为在地壳的部分离开地球而形成月球之后,地球上的陆块重新调整了它们的位置,大陆发生了漂移,从而变成现在这样的形状。

19世纪、20世纪之交,随着地质学的发展和人们对海陆起源认识的深入,"大陆漂移"的思想得到了进一步的孕育。美国学者泰勒(F. B. Taylor)在1898年出版的一本小册上提出了大陆移动的想法。1911年,另一位美国学者贝克(H. B. Baker)提出,存在一种由宇宙力包括太阳系行星的摄动引起大陆移动。然而,泰勒和贝克的思想尽管包含了大陆漂移假说的成分,但并未引起地质学界认真看待。因此,科学史上通常称他们为"大陆漂移假说"的先驱者。

因此,如果说魏格纳在病床上偶然地萌发了大陆横向运动的设想,那么这种偶然性在其他人那里也发生过。正如有些学者指出的那样,"大陆漂移的设想早就有了,但由于魏格纳的提倡,才正式作为一个科学假说而被广泛地重视"。而魏格纳之所以成为大陆漂移假说的真正创始人，则不仅是因为他第一次比较系统地提出了这一科学的假说，而且更因为他以一个伟大科学家所具有的非凡的毅力和勇气，对这一学说的论证和完善几乎耗尽了毕生的精力。

大陆漂移说的艰难论证

魏格纳在1910年萌生大陆横向运动念头的最初，也没有认真看待这一思想，反而认为这"不可能"而"放弃"了。但他确实从第二年秋天就开始为创立和论证这一假说而投入常人难以想象的艰苦卓绝的奋斗之中。

魏格纳原来是研究和讲授天文气象学的。1908—1912年他在马尔堡物理学院任教时在这一研究领域已取得了相当的成就，被当时德国的一些著名教授所赏识，汉堡大学的柯彭教授（W. P. Köppen, 1846—1940）就是其中的一位。这位后来成为他岳父的教授经常约请他进行一些专业疑难问题的探讨。但在进行天文气象研究的同时，他心中始终萦绕着大陆漂移假说。

1911年秋，又是一个相当偶然的机会，魏格纳想到了一篇描述非洲和巴西古生代地层动物的相似性的文献摘要。在这篇摘要中，大西洋两岸远古动物化石的同一性或近乎同一性被用来证明当时非常流行的、非洲和巴西之间曾存在陆桥的说法。魏格纳不同意陆桥的假说。为了对化石相似性作出合乎逻辑的新解释，他把一年前关于大陆漂移的可能性思想重新发掘出来，按照他的说法，把原先纯粹是玩拼板游戏的奇思异想，上升为科学的概念。他考虑到，这或许是一个涉及大陆和地球演化的大问题。柯彭得知他的这一想法时曾好心劝他不要揽下这项"份外"的课题。柯彭告诉他在大西洋两岸何以具有相似性的问题上，"不知有多少人都曾研究过它，结果是枉费心血，你应该把功夫用在气象学研究上！"尽管魏格纳对德高望重的柯彭教授始终充满了敬意，但他并不因此而放弃自己的学术方向。勇于探索的魏格纳执意要把这个问题追究到底，毅然从气象学转向地质学，决心要在另一个陌生的领

域作一番新的探索。

　　1914年夏天,第一次世界大战爆发了。尽管刚刚结婚不久的魏格纳是一个世界和平主义者,但他仍然作为预备役大尉应政府之召而入伍。他所在团队奉命立即开赴前线。然而,即使在行军途中,只要稍有安顿,魏格纳便折上一根小棍在地上画非洲和美洲地图,仿佛又看见巴西恰好从非洲裂散开来。后来他受伤了,被送入野战医院。在治疗伤病的同时,他整个脑子填满的依然是同一念头——非洲与美洲,欧洲与美洲,以及夹在中间的大西洋。多亏了这次伤病,魏格纳才得以专注地投入到大陆漂移假说的创立工作中。于是,一幅不寻常的大陆漂移模式图,终于在魏格纳的脑海里诞生了:不仅现在的欧洲和非洲是从南北美洲脱离开来的,而且过去所有大陆曾是一个整体,是从这个整体脱裂开来的。若把澳洲看作曾一度与南亚连在一起、南极与非洲连在一起,那何尝不可以认为南美、非洲与亚洲过去也是连在一起的呢?澳洲不是从印度半岛脱离开来的吗?而印度半岛不又是从马达加斯加岛脱离开来与喜马拉雅山碰撞在一起的吗?引人注目的是,格陵兰的西岸正好可以与它对面的北美洲海岸轮廓相吻合一致。这幅图被描绘得越具体明白,魏格纳就越清醒地认识到,如果要把这幅模式图加工成科学的假说,还需要许许多多的事实和论据,传统观念不是那么容易被打破的。

　　自此以后,魏格纳从地貌学、地质学、古生物学、生物学、古气候学、地球物理学、大地测量学等各个不同的方面对他的大陆漂移思想作了大量严密的、系统的考证。

　　在地貌学上,魏格纳将诸大陆的外形轮廓线进行比较,发现各海岸线能很好地拼合起来。于是他推测,在古生代末期,所有大陆曾是一个统一的联合古大陆。这一联合古大陆包括两部分:北方劳亚古大陆,由现在北美、欧洲和亚洲(不包括印度)组成;南方冈瓦纳古大陆,包括南美洲、非洲、南极洲、澳洲和印度。由于任何一个大陆的古生代和早古生代的地层剖面在两个古大陆相邻部位都能一一对应,因而便能够得出一幅清晰的大陆块拼合结构图。

　　在地质学方面,魏格纳对已有的地质资料作了详细的考察。他不是孤立地看待各个局部地区的地质资料,而是从全球或洲际的范围内加以考察和追踪。他设想,如果现在被大西洋隔开的大陆从前果真是一个大陆,那么在当时所形成的地层也一定像地貌学上的大陆轮廓一样可以拼接起来。为此,魏格纳追踪了大西洋两岸的褶皱山系和地层。他发现,大西洋两岸的岩石、地层和褶皱构造确实像搭积木一样可以搭配起来。如非洲最南端东西向的开普山脉恰可以与南美的布宜诺斯艾利斯低山相接,这是一条二叠纪的褶皱山系,两处山地中的泥盆纪海相砂岩层、含有化石的页岩层以及冰川砾岩层都可以相互对比;巨大的非洲片麻岩高原和巴西的片麻岩高原遥相对应,二者所含有的火成岩和沉积岩以及褶皱延伸的方向也非常一致。

面对许多人的疑惑不解,魏格纳对于这种地层和构造上彼此相接的含义,作了一个相当浅显形象的比喻:这就好比一张被撕碎的报纸,如果按其参差不齐的毛边拼接起来,报纸上的印刷文字行列也恰好齐整切合,凭这一点,我们就不能不承认这两片报纸原来是连在一起的。他强调指出,由于相互衔接切合的不只是一个行列,而是有多个行列,这就排除了"偶然"和"巧合"之类的解释。

在生物学与古生物学方面,魏格纳也收集到了不少有利的证据。从生物学角度看,相同的生物种不可能是在相隔遥远的两个地区分别地独立地形成的,它们必定起源于某一地区,然后直接或间接传播到另一地区。而目前在远隔重洋的大西洋两岸,许多生物之间存在着亲缘关系,这就表明它们之间曾通过某种途径发生过传播。例如,有一种庭园蜗牛既发现于德国和英国等地,也分布于大西洋对岸的北美洲,而且在北美洲,庭园蜗牛主要生活在邻近大西洋的一些地方。又如蚯蚓,有一些生活在东起中国和日本西到西欧的广大地区,以及美国东部,而在远离大西洋的美国西部却见不到这些蚯蚓的踪迹。在南大西洋两岸,主要是更古老的蚯蚓种属如舌文蚯蚓和少毛蚯蚓亚科,这说明南大西洋在更古的时候有容许蚯蚓通过的地理条件。动物区系分布的这些证据有力地证明:大西洋两岸陆地从前是相连的;大陆后来的分裂,看来首先是从南边开始,逐渐向北扩展的。

魏格纳认为,除了现代生物的分布外,更能说明问题的是保存在地层中的古生物化石。例如,羊舌齿植物化石广泛地分布于印度以及南半球各大陆的晚古生代地层中,它是曾经存在着一个统一的南方古大陆的有力见证。又如,一种叫作中龙的爬行类动物,它的化石分别见于巴西和南非的石炭二叠纪地层中,但在世界其他地方从未发现过这类化石。

此外,魏格纳还从古气候学方面对大陆漂移作了有力的论证。例如,人们发现北半球没有石炭纪冰川的遗迹,但在南半球的内陆却是普遍存在的。魏格纳提出,假如大陆从来没有移动过,那么从冰川遗迹来看,可以说几乎整个南半球的陆地都曾被冰川覆盖起来,这显然是不可能的。但如果设想南半球陆地曾环绕南非这个中心聚合在一起,只是后来经过长期的漂移才分散开来,那么,过去曾被冰川覆盖的地区就变得比较合理了。

就这样,魏格纳以其非凡的科学探求的勇气,完成了这一假说的艰难的创立工作。

▼ 一曲伟大的地质之歌

魏格纳自 1910 年最初受到地图的启发,到 1911 年立志探求大陆漂移问题,通过艰辛的研究工作,搜集了大量的有关大陆漂移的证据,于 1912 年发表他的重要学术报告。此后,魏格纳把全部精力用来发展大陆漂移学说。1915 年,他利用一个较长的休养期来整理和分析所搜集的资料,对大陆漂移问题作了进一步系统的分析,出版了《海陆的起源》一书。在这本书中,魏格纳详细引证了所有支持大陆漂移说的各种证据,对他的假说进一步作了发展,概括并总结了他的成果。这本书于 1920 年、1922 年和 1929 年出版了修订本,并被译成英、法、西班牙和俄文。在以 1922 年德语第三版为原本的英译本(1924)中,魏格纳的表述 "Die Verschliebung Der Kontinente" 被准确地译成"大陆位移",但几乎立刻就被普遍使用的术语"大陆漂移"取而代之。

我们知道,地质学最本质的、有别于其他学科的是它的复杂性和层壳性,以及不可逆性和不可模拟性。在已有地质学的研究中，最薄弱的是层壳性，但这却是地质运动形式的基本特点。在对陆地高度与海洋深度的平面分布曲线对照分析之后，他推断，组成洋底的岩石与组成大陆的岩石原则上是各不相同的，前者重，以硅镁为主，又叫"硅镁层"；后者轻，以硅铝为主，又叫"硅铝层"。这种看法，在 20 世纪初叶具有非常大胆的创造性，它从地质学角度对洋壳和陆壳的不同成因给出了一个重要解释。按照魏格纳大陆漂移模式，轻而硬的硅铝陆壳会像"冰山"那样在塑性而致密的硅镁层上进行漂移。

尽管在细节上很不完善，但魏格纳大陆漂移假说的强大生命力是不可置疑的。这正如前面叙述的那样，这一假说是建立在各个不同的学科如地貌学、地质学、地球物理学、古生物和生物学、古气候学、大地测量学等大量确凿的科学事实之上的。几十年之后，英国地球物理学家布拉德（E. Bullard）等人利用电子计算机计算了大西洋两岸这两个大陆的种种拼合情况，计算结果几乎弥合无隙（平均误差小于 1°），从而为大陆漂移假说从几何上提供了形象而有力的佐证。

大陆漂移说的出现，是赖尔以来地质学理论的一次重大突破。它动摇了传统的"海陆固定论"和地壳"唯垂直运动论"，引起了地质学界的巨大震动。在此之前，地质学家们认为，大陆终归是大陆，海洋终归是海洋，稳定的地台纵有活化，也只是原地升降，对全球大局并无重大影响。大陆漂移说则认为，大陆系由较轻的刚性的硅铝质所组成，它漂浮在较重的粘性的硅镁质（如太平洋底）之上。在两三亿年以前，地球上的大陆是一个统一的大陆，即泛大陆，周围全是海洋，称泛大洋。魏格纳认为大约自中生代以来，由于地球的自转及在自转过程中受到日、月的吸引力（潮汐力）的作用，泛大陆发生分裂，最后它的碎片发生水平运动，漂移到目前所在的位置，形成了现在的各大洲。由于泛大陆分裂、漂移，产生了大西洋和印度洋，同时，泛大洋缩小而形成现在的太平洋。这一思想从根本上改变了人们对地球表面海陆分布起源的认识，由此揭开了现代地球科学革命的帷幕。就这样，一个在大学学习成绩平平的人，成了一个震撼世界的科学伟人，一个普通的气象学家在另一个研究领

域——地质学上作出了里程碑式的伟大发现。回顾一下魏格纳创立大陆漂移假说过程中的某些特点是很有启发意义的。

我们发现，魏格纳的成功之处首先在于，他的勇气、勤奋和毅力。魏格纳1880年11月1日出生在德国柏林一个孤儿院院长的家庭里，父亲是一位神学博士。据记载青少年魏格纳并不是神童，也谈不上出类拔萃。他先后在好几个大学学习，1905年他在柏林的因斯布鲁克大学提交的关于天文学的一篇毕业论文水平也较一般。魏格纳学生时代的好朋友天文学家冯特写过许多关于魏格纳的文章，在论及魏格纳的天赋才能及品质特征时，他曾经这样评价："魏格纳的数学、物理学和其他自然科学的天赋能力是很一般的。"然而魏格纳在自己科学研究的一生中都保持着一种非凡的毅力，这是他能成功地提出大陆漂移假说的最重要因素。这种气质早在他学生时代就充分显露出来了。魏格纳从小就不够健壮，尤其是耐久力较差，为了克服这一弱点，他自觉进行近乎残酷的斯巴达式训练。整个冬季他每天都去雪地练习滑雪，执行自己制定的赴极地探险的预备训练计划，连刮暴风雪的日子也不例外。21岁那年，他利用暑假，约上弟弟库特，怀着巨大的热情在一座山上搞了整整一个假期的登山活动，每天乐此不疲，兴趣不减。大学毕业前两年的冬天，他常去拜访住在附近山顶上一座小型气象观测站的朋友。魏格纳每次都是滑雪前往，路线一旦确定，就不管路上是多么崎岖不平、丛林密布，他总是奋力前往，摔倒了再爬起来，直至达到目的地，方才罢休。所有这些都展示出青年魏格纳的抱负和勇气。一个科学家具备上述品质是难得的，它往往预示着巨大的成功。

其次，魏格纳的成功之处还在于他的整体性思想方式。与传统地质学只侧重分析思想、偏重大陆研究不同，魏格纳从整个地球出发，研究海洋地块与大陆地块的普遍联系和相互作用。他指出："显而易见，这个完整而广泛的大陆漂移概念必须从海洋与大陆块间的一定关系出发来进行探讨。"他踏进了各个学科接壤的空白领域。他是气象学家，但决不把自己的视野局限于狭小的学科范围之内，而是吸取了看来是各不相干学科的丰富养料，加以总结与

212

升华。魏格纳获得成就的这一特点是十分重要的。我们也许可以说，20世纪的每一项带有革命性的科学观念的提出，几乎都和这个特点有关。现代控制论的创始人维纳，就对边缘学科有非常自觉的认识，他在《控制论》一书导言中作了如下精辟的论述："在科学发展上可以得到最大的收获的领域是各种已经建立起来的部门之间的被忽视的无人区……正是这些科学的边缘区域，给有修养的研究者提供了最丰富的机会。"魏格纳的成功正是得益于他勇敢而自觉地踏进了这一边缘区域。

魏格纳成功的第三个特点是他所具有的怀疑精神。例如针对古生物化石方面的材料证明某些大陆曾经是直接相连的事实，一些学者用陆桥说来解释：远离海洋的大陆其动植物群有亲缘关系，那是因为过去曾有过陆地做成的桥梁连接它们，这些陆地后来被海水淹没。魏格纳经过分析研究，果断地对陆桥说提出质疑：假如按照陆桥说的解释，陆桥由于某些作用，真的沉入海底了，那就会有同样体积的海水来淹没很大一部分原始的大陆，各大陆和洋底在地壳构造上是截然不同的，大陆含有大量的硅铝层物质，洋底则完全由硅镁层组成，而在洋底根本没有发现沉到水中去的残余大陆硅铝岩体。这就令人信服地指出了陆桥说的错误，为大陆漂移假说的创立廓清了认识上的迷障。

魏格纳成功的第四个特点是他有着非凡的形象思维能力。正如一些学者指出的那样，如果说一个物理学家，他的语言离不开数学公式的话，那么一个地质学家，他的语言则离不开平面图和剖面图。形象思维，特别是具有丰富想象力和预见性的形象思维，弥补了魏格纳在数理方面的某些欠缺。他从气象学上瞬息万变的云图转到大西洋两岸惊人的相似性，凭着丰富的想象力，克服了地质学家常常带有的大陆固定论的偏见，从而获得巨大的成功。魏格纳的成功再一次印证了爱因斯坦的一句名言：想象力比知识更重要，因为知识是有限的，而想象力囊括着世界上的一切，推动着进步，并且是知识进化的源泉。

此外，魏格纳所具有的献身于追求科学真理的崇高品格，对于他的成功

起了决定性的作用。他的崇高品格又是来自于一种坚定的信念和原则。1930年，他不畏严寒，第四次踏上冰天雪地的格陵兰岛进行科学考察。在途中，他曾给好友乔治写了一封信。我们不妨把这些话看作他一生追求科学真理的总结。在这封信中，他这样写道："无论发生什么事，必须首先考虑不要让事业受到损失。这是我们神圣的职责，是它把我们结合在一起，在任何非常情况下都必须继续下去，哪怕是要付出最大的牺牲。如果你喜欢，这就是我在探险时的'宗教信仰'，它已经被证明是正确的，只有它才能保证人们在探险中不互相抱怨而同舟共济。"不幸的是，就在这一次探险考察途中，50岁的魏格纳因疲惫过度造成心力衰竭，殉职于格陵兰岛。他的一生就这样献给了他所热爱的科学研究事业。

大陆漂移说的沉寂与复兴

综观整个科学史，我们可以发现，一个具有突破性的重大学说的确立，大凡都有艰难曲折的历程。大陆漂移说同样也是经过反复的激烈论争，才逐渐被学术界所承认的。

20世纪20年代至30年代初，许多人在读魏格纳的《海陆的起源》这部著作时，一方面为它的新颖和独到而震惊、激动；另一方面却又持有怀疑的态度。在他们看来，一向安如磐石的大陆，居然像船一样可以漂移活动，这实在不可思议。这个大胆的思想就像哥白尼假说在伽利略时代那样，在世人的眼里是"异端的"，是"荒谬的"。因此反对者中有人称魏格纳的假说仅仅是"一个漂亮的梦，一个伟大诗人之梦"。在当时，除了一小部分人热烈赞同魏格纳的主张外，多数人持传统观念，认为大陆漂移是不可能的。这就在大陆构造领域中形成了对立的两大学派：认为海陆位置固定不变的固定论和认为大陆漂移的活动论。自此，两派之间展开了激烈的论战。

在长期的论战中，魏格纳虽然搜集了多方面大陆漂移的证据，但他也深深感到，如果不能对漂移的方式、漂移的动力这两个根本的问题作出合理的解释,他的学说还是不完善的。

对于漂移的方式问题,他提出这一假说时便已经有了硅铝层和硅镁层之分。他认为,陆地是硅铝质的,硅镁层沉伏在硅铝质地块之下,而在大洋底硅镁层是直接出露的。于是他设想,硅铝质的大陆块就像一座座桌状冰山一样沉浮,在较重的硅镁层上漂移着。他认为洋底或硅镁层是可塑和可流动的。但在 1925 年,英国著名地球物理学家杰弗里斯(H. Jeffreys)根据地球纬度变化资料计算认为,硅铝层底部岩石粘性系数大于 10^{20};而要发生流动,粘性系数需小于 10^{16},因此漂移是不可能的。这可以说是对魏格纳假说的第一个挑战。

为回答大陆漂移的动力从何而来,魏格纳设想了两种力:地球自转产生的离心力和月球引力产生的潮汐力。他认为,正是这两种力驱动大陆漂移。而大多数地球物理学家认为,这两种力实在太小,根本不足以驱使深厚、庞大的陆地作大规模漂移。杰弗里斯甚至精确地计算出:地壳因这种力而移动约 1 弧度,需要 30 亿年的时间。因此这种力无法解释大尺度的漂移。这是对魏格纳假说的第二个挑战。有人曾用形象的语言加以描绘:这是“脆弱的陆地之舟,航行在坚硬海底地壳上”。一般人都认为,这显然是不可能的。

这样一来,尽管魏格纳从海岸形状、地质、古生物和古气候等方面有力地论证大陆漂移,然而,他对大陆漂移的方式和动力所作的解释,却难以自圆其说。事实上,魏格纳本人也不讳言其薄弱环节正是在力学方面。他曾经说过,漂移理论中的牛顿还没有出现。他承认:“漂移力这一难题的完整答案,可能需要很长时间才能找到。”

由于大陆漂移说的革命性质,必须有比通常情况下更为有力的证据才能使这一假说获得科学家共同体的支持。要使某种根本性变革为科学家所接受,要么必须有无可辩驳的证据,要么必须有超过一切现有理论的明显优越性。显然,在 20 世纪二三十年代,这两种条件没有一种能够得到满足。而且接受魏格纳的观点就意味着必须对全部地质科学进行彻底的重构。意味着要“重修我们的全部教科书,不仅包括地质学的,而且也包括古地理学、古气象学和地球物理学教科书”。显然,在缺乏无可辩驳的证据的情况下,人们全然不情愿这样做。

但是,一个真正科学的假说是不可能永远沉寂的,相反,它必将随着科学的新发现而不断完善自己。在 20 世纪 50 年代末和 60 年代,获得了大量新的、令人信服的证据,表明大陆和海底确实存在着彼此的相互运动。这些证据比海岸线的吻合甚至大洋两岸地质学或生态学的符合或者植物群和动物群化石的相似要优越好几个量级。

20 世纪 50 年代的新证据首先来自古地磁学的研究。由于含有铁矿物的岩石会在高温之下发生磁化,而且这种磁化能非常稳定地"凝结"在熔岩的内部,因此,磁化的方向将不会受以后发生的地球磁场变动的影响。这就为测定各大陆和海底岩石过去位置提供了新的独立的研究方法。古地磁学家们进行了一系列研究和测定后指出:现今每块陆地确实各自在独立地运动着。相关证据还揭示地球南部各陆地聚集在南极地区形成一个原始大陆——冈瓦纳大陆的时间。因此,这些组成部分即我们现在的各大陆肯定存在着某种横向运动。有助于推动魏格纳的基本思想复兴的第二条研究线索是关于海洋深处山脉的研究。有关海洋地底地区的特征与本质的知识在 20 世纪 30 和 40 年代还相当粗浅,因此第二次世界大战前有关大陆漂移的争论最终产生并没有定论。20 世纪 50 年代末,在测量地球引力和相关地震—引力数据方面,

已有了全新的技术。地球物理学家找到了测定通过海底的热流速率的方法。他们得出的结论是:巨大的海洋壳层岩石块确实能够相互之间明显地移动一大段距离。这些研究与来自磁机制研究获得的发现不谋而合,都强有力地支持大陆相互之间经历了某种运动的观点。

1960 年,美国普林斯顿大学的赫斯(H. Hess,1906—1969)提出了海底扩张说。他提出,洋壳是在大洋中背处,向两侧作海底扩张才得以形成的。岩石圈的洋壳,总是不断从大洋中背处产生

▲ 赫　斯

出新的。然后像"传送带"一样被带向岛弧,在那一带向坚硬的陆壳底下俯冲。这样,俯冲的结果是旧洋壳的消亡和新陆壳的诞生,这就是海底扩张。它解释了一个基本的事实:海洋的年龄很古老,但海底洋壳的年龄却很年轻。因此正是由于地幔的物质对流而引起的海底扩张给大陆漂移提供了主要的动力。

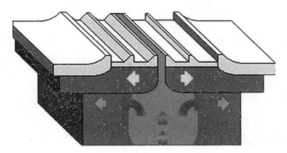

▲ 海底扩张说

板块构造说则是在论证魏格纳大陆漂移说的基础上,经过地幔对流说,海底扩张说等阶段创立的。它强调地球的刚体表面层是由许多"板块"组成的。这些板块主要划分为欧亚、美洲、非洲、太平洋、澳洲和南极六大板块,每个板块基本上包括一个大陆及其相邻的海域。20世纪70年代以来,由于在大陆板块中陆续发现残留的古洋壳,于是,前中生代大陆漂移现象更加受到重视。今天的大陆实际上已被视为古大洋历史变异体。此后大陆和海洋开始作为整体来研究,并发展到全球规模的探索。

今天,板块构造说已经成为最盛行的新全球构造学说。它把错综复杂的地质现象本质美妙而清晰地展现在我们面前,地球的本来面目竟是如此简朴。这一切既源于魏格纳天才的假说,又是对大陆漂移说的改造和更新。从板块说主张地壳发生过大规模的水平运动这一基本思想看,它是对漂移说的直接继承。但从构造单元的划分到全球地壳运动的具体模式,乃至导致地壳运动的根本原因,板块说都不同于漂移说。魏格纳所描绘的只是一个有限活动的地球:硅铝质的地壳在硅镁层上漂移;大陆可以远距离移动,洋底则原地不动。而板块说展现在我们面前的是一个全面活动的地球:不仅仅是地壳的上层在下层上滑动,而且整个岩石圈在地幔软流圈上移动;不仅仅是大陆在移动,而且大陆和洋底一起在移动。当然,板块说也并未尽善尽美,它还不能完全解释一些地质现象,关于驱动机制这一难题尚未最终解决。

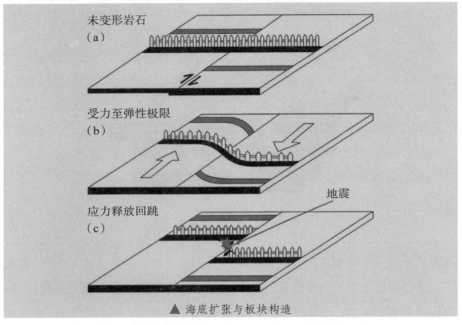

未变形岩石
(a)

受力至弹性极限
(b)

应力释放回跳
(c)

地震

▲ 海底扩张与板块构造

　　地球科学从固定观到运动观,特别是向大陆漂移说和板块构造说思想的普遍飞跃,无疑是一场深刻的革命。许多文献的作者把魏格纳开创的科学革命比作哥白尼革命。二者确有不少相似之处。正如日心地动说直到哥白尼的著作发表半个多世纪才得到完善和承认一样,大陆漂移说也是在魏格纳最初论文和著作发表50年后才得以更新和确认。新宇宙体系的科学内涵主要是伽利略、开普勒和牛顿的成就。而新地球观也只是体现了魏格纳假说所蕴含的基本思想。哥白尼的主要贡献是指出了有可能按日心地动观念构造一个新的宇宙体系,而魏格纳的主要贡献则是首次提出大陆运动的思想。著名地球物理学家威尔逊(J. Tuzo Wilson,1908—1993)在20世纪60年代末宣称:"我们这个时代发生的这场伟大的革命应当称作魏格纳革命",以纪念这场革命的"主要倡导者"。

最后,特别值得我们强调指出的是大陆漂移假说所具有的极为重要的实践意义。大陆曾否发生过漂移,不仅仅是一项饶有兴趣的纯学术研究,而且还是一个在矿物勘探时应该加以考虑的极其重要的因素。因为从某一个大陆上发现的某种有用矿物的矿床,就可以推想到在相距数千里以外的另一个大陆上也许同样可以找到这类矿床。例如,从西非所发现金

▲ 威尔逊

刚石矿床,就可以推想到在南美洲东南部原先和西非拼合在一起的那一部分地区也许可能找到同样的金刚石矿床。这种情况同样也适用于石油勘探。石油勘探工作者所关心的虽然主要是发现可能含石油的地质构造,但是他们同时也必须考虑到:具有开采价值的石油或天然气只能在一定的条件下才能形成。换言之,除非他打算勘探的岩层曾经一度处在合适的纬度,否则它就不可能生成在储量上可供开采的石油。例如,欧洲和北非的油田所以能够形成,只是因为这些地区过去曾经一度靠赤道很近的缘故。

其实,大陆漂移说的实践意义,远不止矿物勘探。从更为长远的观点来看,揭示大陆和洋底的运动,有助于我们探索山脉的形成以及地震和火山的机制。因此,了解大陆和海底的运动,无论对预报自然灾害,还是对寻找出控制这种巨大破坏力的可能途径,都是十分重要的。我国著名的地质学家李四光(1889—1971)不仅在魏格纳假说横遭非议时,独创性地强调了地质水平运动的理论,而且创造性地利用了这一理论为我国的石油勘探、地震预报等做出了杰出

▲ 李四光

的贡献。这可以说是魏格纳大陆漂移说的智慧之花在我国地质学界的硕果之一。

[1] 徐炎章著.科学的假说[M].北京:科学出版社.1998.

[2] 杨德荣.漫话科学假说[M].辽宁人民出版社.1982.

[3] 田廷彦,姚晨辉.猜想:不循常理的 20 大科学假说 [M].上海文化出版社.2008.

[4] 李佩珊,许良英.20 世纪科学技术简史(上、下)[M].北京:科学出版社,第 2 版,2004.

[5] 江晓原.科学史十五讲.北京大学出版社.2006.11.

[6] 林德宏.科学思想史[M]南京:江苏科学技术出版社,2004.

[7] 苏中启.宇宙的起源与未来——大爆炸宇宙论简介[J].现代物理知识,1995,(02):24-27+34.

[8] 孙显曜,吴国林宇宙耗散结构模式科学前提的探索——兼评现代宇宙学的科学前提[J].自然辩证法研究,1993,(07):1-10.

[9] 何建南.评康德的三个宇宙假说[J].南昌大学学报(人文社会科学版),1986,(2).

[10] 王悦.试论康德——拉普拉斯星云说的提出 [J].牡丹江师范学院学报(哲学社会科学版),1997,(2).

[11] 爱因斯坦著,杨润殷译.狭义与广义相对论浅说[M].北京大学出版社,2006.

[12] 胡化凯.论爱因斯坦的科学思想——纪念爱因斯坦逝世五十周年[J].上海交通大学学报(哲学社会科学版),2005,05:47-51.

[13] 解士军.浅析"热质说"和"热动说"之争.科技创新导报.2009,17.

[14] 余长敏.漫评热的本性——热质说与热动说.物理教师.2005,26(2).

[15] 拉瓦锡著,任定成译.化学基础论[M].北京大学出版社,2008.

[16] 李采芹.燃烧氧化学说的发现和传入中国[J].上海消防,2000,(09):55-59.

[17] 陈久邦.火铸的真理——纪念拉瓦锡"燃烧氧化说"200 周年[J].湖南消防,
1996,(12):18-20.[18]梶雅范,杨舰.门捷列夫的元素周期律发现——其前提
条件、历史脉络及其与同时代人的比较研究 [J]. 科学学研究, 2003, (04):
352-357.

[19] 宋莉,邹勇门.捷列夫元素周期律发现史析疑 [J]. 自然辩证法通讯, 1998,
(02).

[20] 达尔文著,舒德干译.物种起源[M].北京大学出版社.2005.

[21] 樊期曾;杨洪日.孟德尔规律的发现及其在遗传学史上的意义[J].沈阳农业
大学学报,1987,(02):59-63.

[22] 陈世骧.进化论的发展历史和实践意义[J].科学通报,1965,(08):667-675.

[23] 樊正忠.孟德尔学说纵横谈[J].武汉教育学院学报,1997,(06):69-73.

[24] 汪子春等.世界生物学史[M].吉林教育出版社,1997.

[25] 艾伦.20 世纪生命科学史[M].上海:复旦大学出版社,2000.

[26] 格里宾.双螺旋探秘:量子物理学与生命[M].上海:上海科技教育出版社,
2001.

[27] 沃森.双螺旋:发现 DNA 结构的个人经历[M].北京:三联书店,2001.

[28] 郭志荣,张琚.DNA 世纪之回顾——浅析科学发现的要素[J].医学与哲学,
2003,(02):16-18+21.

[29] 袁维新.DNA 双螺旋模型的建立过程[J].生物学通报,1993,(10):42-43.

[30] 吴延涪,傅立当代地球科学中的革命与新地球观——从大陆漂移到板块
构造[J].中国人民大学学报,1987,(01):23-29.

[31] 何起祥;许靖华.海底探索史话之魏格纳与大陆漂移说(下)[J].海洋世界,
2010,(11):44-47.

后记 HOU JI

　　本人能够从事科学普及书籍的编写,主要是得益于湖北教育出版社彭永东老师和中科院自然科学史研究所罗兴波老师的鼓励。

　　感谢湖北教育出版社和中科院科学史研究所给我提供了这个锻炼的机会;感谢导师胡维佳研究员几年来的培养和指导;几年来,我在科学史海洋中游历,偶得"贝壳""鹅卵石",这是个心情愉悦、快乐自在的过程。本书的写作过程中,得到了湖北教育出版社编辑吕微和长城战略研究院余维运师兄的帮助;北科大校友谢管宝、喻校卿等为本书的文字录入做了工作;彭永东老师、罗兴波老师、束军意老师对该书的写作给予了关怀和指导;最后,感谢我的父母和妹妹等亲人对我学习、生活的关怀和支持。要表示感谢的还有很多人,在此不一一致谢。

　　本书的写作过程中,本人以前人研究者、学者的论著为依托,以自己对各假说的理解为线索进行编写。在此特别指出,徐炎章先生的《科学的假说》(科学出版社,1998)是本书的重要参考论著之一。在写作过程中,发现很多科普著作对参考文献没有标注,本书在重视科学知识普及的同时,也注重各专家学者的知识产权,由于版面所限,仅附上主要参考文献。

　　科学史海洋浩瀚,编著者学浅,失误之处必多,尚希读者不吝指正。

曹玺敬

中科院科学史所

2012 年 12 月 3 日